齐麟麟◎编著

古今通用
人生大智慧

中国宇航出版社
·北京·

版权所有　侵权必究

图书在版编目（CIP）数据

古今通用人生大智慧 / 齐麟麟编著. -- 北京 : 中国宇航出版社, 2025.2
ISBN 978-7-5159-2333-8

Ⅰ. ①古… Ⅱ. ①齐… Ⅲ. ①人生哲学－通俗读物 Ⅳ. ①B821-49

中国国家版本馆CIP数据核字(2024)第030200号

策划编辑	吴媛媛		
责任编辑	谭　颖	封面设计	王晓武

出版发行　**中国宇航出版社**

社　址	北京市阜成路8号	邮　编	100830
	（010）68768548		
网　址	www.caphbook.com		
经　销	新华书店		
发行部	（010）68767386	（010）68371900	
	（010）68767382	（010）88100613（传真）	
零售店	读者服务部		
	（010）68371105		
承　印	北京中科印刷有限公司		
版　次	2025年2月第1版	2025年2月第1次印刷	
规　格	880×1230	开　本	1/32
印　张	5	字　数	108千字
书　号	ISBN 978-7-5159-2333-8		
定　价	49.80元		

本书如有印装质量问题，可与发行部联系调换

序 言

一说到人生智慧，中国人往往会联想到"大"这个字。大在哪里？首先，内容博大。人生大智慧不是聚焦于个人的生存和发展，而是注重协调人与人、人与自然的关系，囊括天地，包容古今，不树神，不贬人，追求"天人合一"的大格局。其次，大家之大。启于诸子百家，中继汉家儒学、宋明理学，再继以清代朴学，近代则涌现贯通中西的大家。这些先贤如慧海明珠般璀璨，他们好学不倦、薪火相传、创发不已，带着跨越千年的智慧指引，助力我们每个人找到人生的方向。再次，影响之大。有中国人的地方就有人生大智慧的种子被播撒，有些地方已经开花结果，有些地方已然是参天大树。

人生大智慧是中国人最重要的智库。它具备六大特点：第一，连续存在与生机盎然，五千多年绵延不绝，在大变局中开辟新路；第二，以整体和谐与天人合一为基调，遵循规律，客观定位；第三，德行修养与内在超越，重视品德的修炼与涵养，追求内在的自我提升；第四，自强不息与创造革新，百折不挠，临危不乱，始终拥有与时俱进和自我革命的勇气；第五，经世致用与知行合一，反对玄虚空谈，注重务实与实效；第六，具体理性与象数思维，抵制空泛抽象，摒弃为理论而理论。人生大智慧不是讲堂的思维游戏和书本上的文字堆砌，每一条每一点都是对每一个人的人格生命的关切。古今通用的人生大智慧既是具有中国特色的哲学智慧，也是在悠久的中国历史和复杂的中国社会中历练出来的生命智慧和生活智慧。这些智慧值得珍视，它们具有极高的价值和意义。

何其有幸，我们生而为中华民族的一分子。因此在掌握和理解中华智慧方面，具有先天优势。但这并不意味着生而知之，可以躺在祖先留下的智慧宝库中坐享其成。"学而时习之"，才能让这些精神财富为我们所用，才能真正地继承并发扬光大。本书的编写，正是为了在掌握和理解人生大智慧上，能为广大读者尽绵薄之力。

本书共分五章。第一章"治学"，力图通过历史上著名的苦学、勤学、巧学的故事，启发激励读者通过学习，打好人生发展的基础，储备力量。知识是一条腿，美德是另一条腿，第二章"修身"的目的，在于引导读者完善德行，稳健前行。礼是中华智慧的具体表象，也是文明的外衣，第三章"礼仪"主要给读者讲礼，帮大家知礼、守礼和行礼。家庭是人发展的基地，是社会的基石，"一屋不扫何以扫天下？"第四章"齐家"通过精讲有代表性的传统家训，讲述家教故事，帮助读者理解如何做好家庭教育，培育良好家风，维护家庭和谐。人的发展，总目标是要超越家庭，为国为民为大家有所贡献，所以在第五章"韬略"里，编者将解读识人、用人等方面的经典案例，相信这将对现实工作中的人们在经营和管理方面有所启迪。由于学识有限，书中疏漏之处在所难免，编者衷心期待广大读者不吝指正。

目 录

第一章 1
治学

一、锲而不舍　　2
二、勤学苦练　　6
三、问路知路　　11
四、先利其器　　14
五、日积月累　　17
六、勤早为学　　21

第二章 25
修身

一、立志高远　　26
二、良师益友　　28
三、谦恭自守　　32
四、人傲祸随　　37
五、守诺守心　　43
六、知足知止　　46

第三章 礼仪	51	一、礼与智慧	52
		二、仪态之礼	56
		三、孝敬之礼	60
		四、尊长之礼	65
		五、修身之礼	69
		六、知礼知仪	73

第四章 齐家	77	一、家训概说	78
		二、断织三迁	84
		三、和睦邻里	88
		四、涉世首师	92
		五、进德修业	97
		六、严父训俭	103
		七、志在四方	107
		八、自医医人	111

第五章	115	一、当机立断	116
韬略		二、孤根易拔	118
		三、危机管理	121
		四、把握机遇	124
		五、善用智囊	128
		六、选贤任能	133
		七、用人不疑	137
		八、运筹帷幄	142

第一章

治学

一、锲而不舍

西晋陈寿在《三国志·魏志·王肃传》中说:"人有从学者,遇不肯教,而云:'必当先读百遍。'言:'读书百遍,其义自见。'"意思是说,要把一本书读一百遍,书中的含义自然就心领神会了。这里的"读百遍"只是概数,是在告诉我们,"重复"是一种重要的学习方法。古人还说过,"锲而不舍,金石可镂",读书要的正是这种精神,只有静心研读,反复思考,才能领会真谛。如果每次都能从阅读中悟出一些哲理,日积月累,必将会开阔胸怀和视野,少走弯路。

东汉末年有个人叫董遇,小时候家境贫寒,只能靠卖苦力或走街串巷做小贩来养活自己。但无论做什么、走到哪里,无论环境多么恶劣,他总是随身携带着书,只要一有空就会孜孜不倦地阅读。后来,他事业有成,当了官,仍坚持博览群书,不断丰富学识，最终成了远近闻名的大学问家。

董遇功成名就后，很多才俊慕名前来拜师，其中有一个书生叫李尧，是董遇的同乡，从小就研读了很多书，后来渐渐喜欢上了历史典籍。初次见面，一番寒暄之后，董遇问："小伙子，给你一本书，你会去读几遍？"

"三遍。"李尧先恭敬地作了个揖，谦卑地答道。

"此话不假？"董遇追问。

"是真的，读三遍。"

董遇失望地摆摆手说："年轻人，你回去吧。"

李尧很困惑："我是诚心诚意前来拜师学习的，您为什么不肯收下我呢？请先生明示。"

董遇回答道："因为我觉得你没有悟出治学的精髓。之前，早已有很多人来向我请教学习的方法，其实，也谈不上什么高深莫测，我只是读书读的遍数很多罢了。"

李尧还是很困惑："您到底会读多少遍呢？"

董遇微微一笑："文章至少要先读上百遍。我觉得一篇文章如果不读很多遍的话，是很难理解真正含义的。"

古人所谓"书读百遍，其义自见"，说的就是这个道理。俗话说"熟读唐诗三百首，不会作诗也会吟"也强调了精读和多读在学习中的重要性。孔子读《易经》，"韦编三绝"，不知翻阅了多少遍。苏东坡读《阿房宫赋》，夜不能寐，秉烛夜读，直到四鼓时仍不舍释卷。

先贤的事迹说明，勤于诵读对学习至关重要。但人们有时也会疑惑：日常琐事繁多，用在读书上的时间难免有限。尤其在当今这个信息爆炸的时代，哪能挤出那么多时间诵读一本书或一篇文章？

在董遇与李尧的故事中，李尧也请教了董遇同样的问题。董遇大致是这样回答的："读书时间是挤出来的。冬天，大雪纷飞，无法外出劳作，别人都躲在屋子里取暖休息，这就是读书时间；晚上，万籁俱寂，别人鼾声如雷，这也是读书时间；雨天，道路泥泞，别人避雨闲聊，这也是读书时间。你可以利用这些时间读书呀！"董遇把这归结为"三余"，即"冬者岁之余，夜者日之余，阴雨者晴之余也。"如果人们能像董遇说的那样，抓住生活中的空闲时间，争分夺秒，怎么会没有时间读书呢？

清代名臣曾国藩是一位治学严谨、博览群书的文学家。他一生以"勤""恒"两字自励，并作为家训教育后辈。他说："百种弊病皆从懒生，懒则事事松弛。"他抓住日常生活中一切能读书的机会，甚至弥留之际仍手不释卷。曾国藩强调，读书时要"耐"与"专"，深读一经，心无旁骛，今日不通，明日再读；今年不精，明年再读。

书是社会文明的载体，是人类进步的标志。世事纷杂，只有多读书，读好书才能够洗涤心灵，陶冶情操。一本好书，就如一杯清茶，一枝疏淡的梅花，让人在夏日里读出雪意，在冬日里仿佛听到山间泉鸣；一本好书，可以改变人们看待事物的思维习惯和处事方式,进而影响日常生活,甚至可能会改变命运。古人云:"书中自有颜如玉,书中自有黄金屋。"只有勤于诵读,才能体会到其书中的妙处,才能摆脱蒙昧无知,走向睿智豁达。

二、勤学苦练

俗话说得好,"百炼成钢"。很多技能,外行看上去觉得"这也没什么"!殊不知,这世上可能真的没有哪样技能是人类天生就会,也没有所谓的一学就会。每种技能的掌握,都要建立在勤学苦练、反复实践的基础上。这类故事,自古以来就广泛流传,启迪激励一代代人,传承和发展各类技能。例如,众所周知的鲁班是我国古代著名的发明家,他严格教子的故事,就很有代表性。

传说,鲁班有个儿子叫伢子,从小聪明伶俐,父母十分喜爱。儿子长大后干些什么呢?父母一直在考虑这件事。

一眨眼,伢子十五岁了。有一天,鲁班问他:"你已经不小了,得学门手艺自食其力了,你想学什么呢?"

伢子想都没想就说:"我要去种地。"

"种地好啊,都不种地,大家就没有饭吃。"鲁班很赞同。

于是，他把儿子送到农家去学种地。一年过去了，伢子回来了，对父亲说："种地太累，我不学了。"

"那你想学什么呢？"

"我要去学织布。"

"织布好啊，没有布就没有衣裳穿。"鲁班还是很赞同儿子的选择。

于是，他送伢子到一位织匠那里学手艺。又一年过去了，伢子又回来了，对父亲说："织布又枯燥又累人，我不学了。"

"你想学什么呢？"鲁班耐心地问。

伢子很干脆地说："我要像您那样，当个木匠！"

"当木匠也好，没有木匠就没有房子住，没有家具用！"鲁班始终支持儿子的决定。

于是，他又把伢子交给他的大徒弟张班，叮嘱他专门教伢子练三年斧子。谁知，刚练了一年，伢子又回来了，垂头丧气地对父亲说："木匠活我也不想学了。"

"为什么又不想学了呢？"

"师傅要求太严，活太苦，心也太狠。"

"怎么个严法、苦法、狠法？"鲁班追问。

"师傅专挑硬木头让我砍，要我砍得像镜面一样平滑光亮，上边要圆，下边要方。师傅一天到晚不让我闲着，说什么'晚砍戴灯，早砍见星，刮风下雨不停工'还要求我'斧把磨出印，斧刃磨平牙，手上老茧要开花！'您瞧，他多严、多苦、多狠啊！"

鲁班听了，严肃地说："不严、不苦、不狠能学会手艺吗？好吧，从今天起，你就别吃饭了，因为你不爱种地；你也别穿衣服了，因为你不愿去织布；从今天起，你住到外面去吧，因为你不爱学木匠手艺！"

伢子一听，呆住了，站在那里一声不吭。

这时，鲁班从床底下拉出一个箱子，里面满满都是他使过的斧子，每把都是"斧把磨出印，斧刃磨平牙"。他指着箱子说："伢子，你看！我为了学艺，磨了这一箱斧子，可你连一把斧子都没磨成这样呢，你就不想学了！这样的话，你能学成什么手艺呢？"

伢子理屈词穷，一句狡辩的话也说不出来了。

最后，鲁班拿出三把新斧子，说道："伢子，你先不用想着磨出一箱子斧子，一步一步来，先把这三把斧子'斧把磨出印，斧刃磨平牙'，你就能体会到，斧子越来越好用，仿佛会听你的话一样！然后，继续练习，就会越来越游刃有余，干活越来越轻松了！"

伢子提着三把斧子，回到张班师傅那里去了。这回他下定决心，勤学苦练，最后，终于把木匠手艺学成了。

不仅学习谋生技能需要勤学苦练，学习文化艺术方面的技艺，也是如此。书法家王羲之和王献之父子就为我们树立了榜样。

王献之是"书圣"王羲之的第七个儿子。受家庭熏陶，献之从小就爱好书法，五六岁开始练字。他练了两三年，觉得自己的水平已经拿得出手了，就沾沾自喜地去问母亲："我只要再写上三年就可以了吧？"

母亲听了，摇摇头说："差得远着呢！"

献之又问："五年总行了吧？"

母亲还是摇头。

王献之急了，不耐烦地对着母亲说："那您说，究竟要多长时间？"

恰巧，王羲之在一旁听到了，就耐心地拉住他走到窗边，手指院子里的大水缸说："献之，你记住，这么大的水缸，你写完十八缸水，你的字才会有骨架，才能站得稳当呢！"

王献之心里不服，回到自己的书房，夜以继日地练起字来。五年后的一天，把一大堆习字抱给父亲看，希望听到几句表扬的话。谁知，王羲之一张张仔细看着，只是摇头，一句话也不说。最后，他看到一个大字写得很潦草，还差一笔没写完，就顺手填了一笔，然后退还给王献之。王献之心里很生气，就把全部习字又抱给母亲看，请她评评理："母亲，您看！我整整又练了五年，是完全照着父亲的字练的。您现在仔细看看，我和父亲的字还有多大差距？"

母亲认真地看了三天，最后指着王羲之补的那一笔对王献之说："你临摹爸爸的字体练了五年，只有这一笔像他写的啊！"

王献之听后，彻底泄气了："太难了，这样练下去，啥时候才能练好呢？"

母亲见他的骄气已经没了，就鼓励道："献之，你练字的时候，首先要虚心，不要觉得自己已经写得很好了，只要再模仿一下父亲，就能写得和他一样好。你还小，要学的还很多。其次，要有耐心，记住，功夫是要积累的，你父亲毕竟比你多写了好几十年。最后，要用心，不要只看字的架势，还要琢磨每个字的结构，每一笔的走势，每一页的整体安排。你只要能这样练下去，就一定会能与你父亲不相上下！"

王献之听从了母亲的建议，百练不倦，几年下来，他练习用掉的清水，真的不止十八大缸！他的书法水平突飞猛进，并形成了自己的风格，与父亲并称为书法史上的"二王"。

从战国时的鲁班，到东晋的王羲之，还有史上数不清的严师严父，都用他们自身的成功，以及教子育徒的经验，向我们证明这样的人生智慧——勤学苦练是治学的第一守则。

三、问路知路

"要知山下路,须问过来人。"这句老话历史悠久。元代柯丹邱《荆钗记》第二十四出,就有这样一句台词:"什么守节?要知山下路,须问过来人。我当时若守得定时,为何又嫁你老子?"明代吴承恩《西游记》第二十一回中,猪八戒说:"常言道,要知山下路,须问过来人。你上前问他一声如何?"王少堂《武松》第五回中则有:"姓施的是个朋友不错,但是为什么要对我这么恭维?要知山中路,须问过来人。问哪个?只有问书童。"

相传,唐代有位姓张的隐士,他满腹经纶,上知天文下知地理,不出门便知天下事,在当时很受文人墨客的尊敬,拜访者络绎不绝,可谓"红极一时"。但这位张隐士从来没有表现出一丝一毫傲慢无礼的态度。相反,拜访者不论贵贱,他悉心交谈,如果能有所未闻,获得新知,就格外欣喜。遇到疑难问题时,他总会谦虚地向别人请教。

张隐士是怎么成为这样的人的呢？他晚年告诉门生，年轻时，有一天无意间听说，千里之外的深山中，有一位学识渊博的老人，能把"四书""五经"倒背如流，还能看透天下大事。于是，张隐士跋山涉水，历尽艰辛，终于找到了那位老人。

老人客气地接待了他，带着他游山玩水，陪着他谈天说地。不过，一聊到为人处世的大道理，老人就开始顾左右而言他。张隐士明白，老人这是在考验他的耐心呢！于是，不慌不忙，诚心诚意地陪着老人周游于苍松下、白云间。都不知过了几个寒暑，张隐士的诚心打动了老人，他说："你该回去了，在我看来，值得奉送给你的，只有一句真言——要知山下路，须问过来人。"

张隐士听了这句话，醍醐灌顶。他回家之后，更加谦虚谨慎，更加勤学好问，最终成为博学之士。

故事中那位老人说的所谓真言"要知山下路，须问过来人"，其实通俗易懂，不外乎是在提示人们这样的道理：一个人的时间和精力都是有限的，世间的很多事，凭着孤身一人的力量无法完成。一定要善于汲取"过来人"的经验教训，这样才能事半功倍。

所谓的"过来人"，可能是一位"书呆子"，博览群书，虽有"纸上谈兵"之嫌，但确实能"仅供参考"；他也可能是一位经历丰富的人，走遍五湖四海，尝尽人间冷暖。他们是我们人生道路上的良师益友，可以帮我们找到捷径，少走弯路。

孟子指出,"思则得之,不思则不得"。其实,也可以说"问则得之,不问则不得"。无论是谁,包括孔子这样的伟人,都不是一生下来就有很多知识的。

一天,孔子前往鲁国国君的祖庙参加祭祖大典。在这个过程中,他一会儿向这个人请教问题,一会儿又去请教另一个问题。有人很不解地问:"孔夫子您这么渊博的人也要请教别人吗?"

孔子答道:"谁都有不懂的事。对于不懂的事,要找明白人问个明白,这就是'礼'的一种,也正是我知礼的表现啊!"

孔子尚且如此,更何况我们呢?故步自封只能落后,多向人请教才能进步。身处信息爆炸的21世纪,更要养成乐于向有经验的人请教的好习惯。那些多问多看多学的人永远都走在时代前面,而那些自以为是、习惯看低别人的人永远在自怨自艾。即使取得了一点成绩,也千万不要盲目自大,别忘了天外有天、人外有人。

"要知山下路,须问过来人"虽是老话,但历久弥新,谨记它,将会受用一生。

四、先利其器

要想做好一件事，准备活动是非常重要的。准备得越充分，做起事来越得心应手，能够事半功倍。老话说得好，"磨刀不误砍柴工"。这句话的意思是，在砍柴前磨刀，虽然会浪费一些时间，但一旦刀磨得很快，砍柴的效率就会大大提高。砍同样多的柴，反而用时更少。也就是说，不要吝惜那短短的磨刀时间，说不定它能带来很多的惊喜。

这句充满哲理的老话背后，有这样一个故事。

从前，有个小伙子，他与一个砍了很多年柴的老师傅搭档，每天都一起上山砍柴。每次出发前，老师傅都会带他把砍刀好好磨一磨。但这个小伙子总是心浮气躁，觉得磨砍刀纯属浪费时间，要是把磨砍刀的时间用在砍柴上，一定能够砍更多的柴。于是，他决定试一试。

| 第一章　治学 |

第一天，小伙子的确比老师傅砍得更快更多。他心里不免沾沾自喜，觉得自己的想法是对的，真是又聪明又能干。

第二天，他还是不磨砍刀就上山了，还劝老师傅也不要再浪费时间磨砍刀，早点一起上山。老师傅却不为所动，依然像往常一样，认真地磨自己的砍刀。结果，这一天小伙子和老师傅砍的柴一样多。回到家后，小伙子很不服气，暗下决心明天一定要比老师傅砍得多。

第三天，年轻人起得很早，老师傅还没开始磨砍刀，他就上山了，并加倍地努力砍柴。可是，他筋疲力尽地砍了一整天，柴却比前一天还少。

回到家里以后，小伙子非常沮丧，甚至连饭也吃不下去了。老师傅见状，语重心长地开导他说："年轻人，你的砍刀越来越钝了，所以越砍越少呀。干事情不能那么急躁，砍柴之前一定要磨好砍刀，不要害怕浪费磨砍刀的那点时间，你把砍刀磨好之后，就能更快地砍柴了，这就叫'磨刀不误砍柴工'。"

小伙子听完以后，还是将信将疑，于是他决定按照老师傅说的话，明天验证一下。于是，第四天早上，他没有着急出发，而是和老师傅一起先磨砍刀，一直磨到又快又光之后才去砍柴。结果，令他欣喜的是，他这一天砍得比第一天还多。

在工作和生活中，我们应该高度重视准备活动的重要性。《论语·卫灵公》中所说的"工欲善其事，必先利其器"，就是这个道理。如果平时不勤奋地"磨刀"就匆忙行事，只会事倍功半。同理，如果基础没打牢，机会来了再怎么临时抱佛脚，也为时已晚。因此，我们应该注重平时的积累，注重事前的准备，为做好事情打下坚实的基础。

五、日积月累

古今中外，有成就的人不胜枚举，但没有谁生下来就能凭天赋坐享其成，他们的成就都是不辞劳苦获得的。这里所说的"不辞劳苦"，就是接下来要讲的"常说常做"，勤于动口和动手，正如俗话所说："常说口里顺，常练手不笨。"

司马迁幼年时生活在韩城龙门。龙门位于黄河岸边，山峦起伏，大河奔流，风景壮丽。在这条中华民族母亲河的滋养下，小小的司马迁茁壮成长，常常帮助家里耕种庄稼，放牧牛羊，从小就积累了丰富的农牧知识，养成了勤于劳作的好习惯。同时，司马迁的父亲司马谈是一位史官，在父亲的熏陶和引导下，他从小立志做一名历史学家。父亲对他的教育很严格，司马迁十岁就开始研读古代史籍。他一边读一边做摘记，不懂的地方就请教父亲。司马迁格外勤奋，不出几年，有价值的史籍都被他熟读过了，中国几千年的历史在他头脑中形成了大致轮廓。后来，他又拜大学者孔安国和董仲舒等人为师。司马迁治学十分认真，遇到疑难问题，绝不轻易放过，总要反复思考，打破砂锅问到底，直到弄明白为止。

一天，快吃晚饭了，父亲把司马迁叫过来，指着一卷竹简说："孩儿，近几个月，你一直在放羊，没工夫读书。我公务缠身，抽不出空来教导你。现在，趁饭还没熟，我给你讲讲这卷书吧。"司马迁看了看那卷书，又感激地望了望父亲："多谢父亲，这卷书我读过了，请您检查一下，看我理解得对不对。"说完，他就把这卷书的内容从头至尾背诵并讲解了一遍。

听完司马迁的背诵和讲解，父亲非常惊讶。他不相信世界上真有无师自通的神童，也不相信传说中的"神人点化"。可是，司马迁明明把这卷书读透了呀！这孩子是怎么做到的呢？父亲百思不得其解！

第二天一大早，小司马迁就赶着羊群出发了，父亲偷偷地跟在后面。羊群翻过村旁的小山，跨过山下的小溪，来到一大片草地。那里水草丰美，简直就是羊儿的乐园。小司马迁把羊群赶到草地中央，等羊群开始吃草后，他就从怀中掏出一卷书来读，那朗朗的读书声在草地上空回荡，宛若牧歌。看着这一幕，父亲明白了，自己的儿子是抓住劳动的空隙时间，勤学苦读。他欣慰地点点头，在心里说："孺子可教！孺子可教！"

司马迁就是这样日积月累，边劳动边读书，不虚度每一寸光阴,常说常做,打下了扎实的史学基础。后来,从二十岁起,司马迁开始游历祖国的大好河山,考察各地历史和风土人情,为他日后编写《史记》积累了充足的史料。做太史令后,司马迁利用随从皇帝巡游全国的机会,搜集了大量历史资料。同时,他还如饥似渴地阅读宫廷收藏的大量典籍。阅读、思考、整理、提炼,这些工作对于司马迁来说,已经习以为常。经过前后十年的艰苦努力,他终于写成了《史记》。这部旷古杰作,对后世史学与文学都产生了极其深远的影响。

人的才能往往不是天生的,是靠坚持不懈的努力,靠"常说常做"换来的。

勤奋出才能,勤奋出成果,不仅史学家,其他学科的大家也是如此。王祯是我国元代著名的农学家、机械设计制造家、木活字创造者,他勤于研究思考,勤于探索实践,勤于实地调查,耗尽毕生心血,编成了巨著《农书》。这本书共13.6万余字。由三部分组成。第一部分"农桑通诀",相当于农业总论,其中以农事起本、牛耕起本和蚕事起本为题,简要地叙述了中国农业的有关历史及其传说,对农业生产的各个环节,分别做了全面系统的总结和介绍。第二部分"农器图谱"是全书的重点,并附有农器图200多幅,可以和文字叙述对照阅读。第三部分"百谷谱",逐一介绍了当时栽培作物及其起源、栽培、保护、收获、贮藏、利用等技术方法。

为筹备排印《农书》,王祯自己设计,雇工刻制木活字,经过反复试验，克服胶泥活字"难于使墨，率多印坏，所以不能久行"的缺点，创用木活字三万多个，同时发明了转轮排字盘，使工作效率大大提高。他发明的转轮排字盘，是用轻质木材制成一个大轮盘，轮盘装在轮轴上可以自由转动。把木活字按古代韵书的分类法，分别放入盘内的一个个格子里，排字工人坐在两副轮盘之间，转动轮盘即可找字，即"以字就人，按韵取字"。继毕昇的胶泥活字版后，王祯木活字版的应用成为印刷技术上的又一重大改进。从14世纪初开始，木活字排版印刷逐渐在安徽、浙江一带盛行，成为中国印刷史上仅次于雕版印刷的重要印刷术。

在我国悠久的历史上，这类"勤"的例子不胜枚举。著名的数学家华罗庚精辟指出："勤能补拙是良训，一分辛劳一分才。"勤奋是我们战胜失败和挫折，取得成功的最强支柱！

六、勤早为学

很多人都了解奋斗对人生的意义,很多人都坚信自己每天都在奋斗,每天都很辛苦。但是,人们往往更多地看重自身的努力,忽视了别人加倍的付出。

晋代有位学者叫孙康,官至御史大夫,专门负责朝廷政令的上传下达,监察百官。这个官职可不是一般人能做的,必须既有灵活的头脑,又有广博的知识。孙康之所以能够有这样的成就,与他从幼年时期开始的超乎常人的勤奋好学有很大关系。

他从小就喜欢读书,但家里很穷,父母没有钱供他拜师读书,也没有钱给他买书。不仅如此,为了糊口,小小的孙康就不得不跟着家人去干活。这样,他白天就没有时间读书。晚上孙康虽然有时间,家里却从不点灯。于是,小孙康就去问父亲:"为什么别人家里有油灯,可以照亮,而我们没有呢?"父亲看了看年幼的儿子,无奈地回答:"灯油很贵,我们要是点灯的话,就没钱买米,全家都得饿肚子。"小孙康听了,若有所思地点了点头,再也没提点灯的事。

环境的艰苦并没有扑灭孙康求知的欲望。家里没书,就去借书读;屋里没有灯光,他就借着月光看书。

在一个冬天的夜晚,大雪初停,月光皎洁,与地上的白雪交相辉映。孙康忽然发现,在雪地里,书上的字变得更清晰了。于是,他非常高兴,赶忙坐在雪地里看书,坐累了就干脆躺在雪地里。从那以后,每个雪后的月夜,孙康都不顾严寒,在雪地里读书,一读就到三更。时间长了,孙康的手脚都长了冻疮,但是凭借坚强的毅力,他读了很多书,积累了很多知识。最终,学有所成。"孙康映雪"的故事,也作为勤学典故流传千年。

时代会变,环境也会变,但道理不变。无论什么时候,想要有所成就,都必须努力,而且还要比别人加倍地努力。在这方面,还有很多楷模,下面再来认识其中的一位。

欧阳修是我国著名的大文学家,唐宋八大家之一。连千古奇才苏轼都是他的学生,可见他的学问有多么博大精深。那么欧阳修的学问从何而来?靠天赋?靠领悟?当然,这些因素都有,但最主要的还是靠他自身的努力。

欧阳修四岁时就失去了父亲,家庭失去了顶梁柱,变得一贫如洗,自然也就没有钱供他读书。可是,他们家历来有重视读书的优良传统,母亲坚信,人可以没钱,但不能无知。于是,母亲一有空就用芦苇秆在沙地或炉灰上写画,教小欧阳修识字写字。同时,还教他背诵许多古人的名篇佳作。小欧阳修也很争气,学习非常刻苦,虽然条件艰苦,但从不抱怨,每天兢兢业业、认认真真,知识积累越来越丰厚。

等欧阳修年龄稍大一点,父亲遗留的书早已被他读完。于是,他便到附近的读书人家去借书。当发现一本好书后,欧阳修会不辞辛劳,把整本书抄写下来,精心收藏起来。就这样,凭借着夜以继日、废寝忘食的努力,欧阳修终于考取了功名,不仅成为一代文坛宗师,也是杰出的政治家,更是流芳万世的道德楷模。宋仁宗不禁感叹:"像欧阳修这样的人才,上哪里能获得呢?"

从孙康和欧阳修的故事中可知,年少时他们便立志苦学,及早开启了求知道路,最后都获得了成功。

所以,在奋斗的路上,不要动不动就自我感动于自己吃的那点苦,别忘了,时时刻刻,都有人比你更努力。就像老话说的,"莫道君行早,更有早行人"。来吧,让我们突破自己的局限性,做一个真正的"早行人"!

第二章 修身

一、立志高远

立志高远是成就事业的第一步，而坚持不懈的努力和行动是实现志向的关键。只有胸怀远大理想，并为之付出辛勤的汗水，才能在人生的道路上取得辉煌的成就。

晋代的祖逖年轻时就胸怀大志，他意识到国家正处于动荡不安的时期，渴望通过自己的努力恢复和平与安宁。为了实现这个高远的志向，他每天半夜听到鸡叫就起床练剑，无论严寒酷暑，从不间断。

经过长期的努力，祖逖不仅武艺高强，而且拥有了坚定的意志和领导才能。后来，他组建了一支军队，在北伐过程中收复了大片失地，为保卫国家做出了重要贡献，他的故事也成为后世立志奋发图强的典范。

事业有成者之所以要如此刻苦，首先是因为觉得自己的才学短浅。同时，是因为立志高远。正是有这样远大的志气，他们才能吃得苦中苦。可见，要想拥有一定的才学、成就一番事业，需要立下远大的志向，培养坚强的意志并付出艰苦的努力。这其中，立志是成功的关键因素，没有志气的人会拈轻怕重，意志薄弱，最终只能是碌碌终生。

　　老话常说"不怕学问浅，就怕志气短"。《墨子·修身》中指出："志不强者智不达。"就是说，没有远大志向、意志不坚强的人，学问也不会高深。一个有高远志向的人，才能勇敢面对各种挫折和困难，排除万难，义无反顾，大步前进。

　　"有志者事竟成，破釜沉舟，百二秦关终属楚；苦心人天不负，卧薪尝胆，三千越甲可吞吴。"楚王项羽和越王勾践的典故点明了一个深刻的哲理，只要立志高远，就一定能有所成就。相反，就算有天资和才学，如果胸无大志，也只会裹足不前。

二、良师益友

有一句经典老话:"听君一席话,胜读十年书。"被后人多番引用。北宋的《程伊川语录》记载了哲学家程颐的一段话:"古人有言曰:共君一夜话,胜读十年书。若一日有所得,何止胜读十年书耶。"到了南宋,《朱子语类》记载了朱熹类似的表述:"所谓共君一席话,胜读十年书,若说到透彻处,何止十年之功也。"南宋诗人刘学箕在《宿兴国寺方丈与容对状》中写道:"古称共君一夜话,胜读十年书。"至于这句话到底是谁在什么时候说的,一直众说纷纭。因为刘学箕的诗绘声绘色地描述了他与僧人朋友推心置腹的夜谈,后来就有人或是望文生义,或是纯粹虚构,演绎出了这样一个故事。

深山古寺中,寂静的深夜里,月下窗前,一位僧人与一位书生伴着孤灯闲聊。

僧人问书生说:"公子既然是进京赶考的,我就考考您。万物都有公母,那么,波浪怎么分公母?树木怎么分公母?"

书生一下就被问住了,他寒窗苦读十几年,哪在四书五经上读到过这些呀?于是,急忙虚心向僧人请教。

僧人微微一笑,答道:"波为母,浪为公,因为波小浪高。松树是公树,'松'字不是有个'公'字吗?梅树是母树,因为'梅'字里有个'母'字呀!"

书生恍然大悟,钦佩得五体投地。

这事要说有多巧就有多巧。书生到了京城,进了考场,忐忑地把考卷打开一看,惊讶地发现,皇上钦点的题目,正是僧人那晚论说的"万物公母论"。书生欣然提笔,不假思索,一挥而就。

不久,皇榜公布,书生金榜题名。皇上恩赏他衣锦还乡,他特地绕道去答谢那位僧人,奉上丰厚的香火钱,还亲笔题赠了一块匾额,上书:"同君一夜话,胜读十年书。"

后来,"听君一席话,胜读十年书"便流传开了。

读到这里,大家肯定都会心一笑,因为看得出,这只是一个杜撰的笑话。不过,细细琢磨,也能品味出对科举制度的嘲讽,对酸腐书生的羡慕嫉妒恨。另一方面,"听君一席话,胜读十年书"这句话,也蕴含大道理。在求知的路上,不能只是一味地埋头苦读,还要善于与人交流沟通。并且,重要的是要与学识渊博的良师沟通,聆听他们一席教诲,可能胜过读很多本书。

同理,人生路上,如果想成就一番事业,与人沟通,得到良师益友的帮助,也非常重要。综观古今中外,有所作为的人身边,都有几位良师益友。他们的成功,一方面靠自身的努力,另一方面加上良师的指点、益友的帮助。但我们也要注意,这一生,我们什么样的人都会遇到,有可能鱼龙混杂、良莠不齐。为了避免结交"庸师损友",就要注意在选择交往对象的时候要特别谨慎,一定要注重对方的人品、涵养和学识,要尽量结交优秀的人,向他们学习,从而提高自己。正如《论语·学而》中所说:"主忠信,无友不如己者"。这就是在告诫我们,交友择师不要选择在品德、学识等方面比自己差的人。

那么,万一不慎结交了不合适的朋友,该怎么办呢?这时候,不妨学一学三国时期的管宁。

有一天,管宁和朋友华歆一起在菜园中锄地。他俩同时发现地上有一块金子,管宁连看都不稀罕多看一眼,把它当成石头瓦砾,而华歆却捡起来查看一番后才扔掉。管宁认为华歆有利欲之心,这并不是君子应有的行为。

又有一天,大门外有官员的车马和随从前呼后拥地经过,管宁仍然专心读书,但华歆忍不住放下书跑出去看热闹。管宁认为华歆贪慕权贵,也不是君子应所为。于是,毅然决然地告诉华歆:"你不适合做我的朋友。"并切割开两人公用的座席,与华歆断了交情。从此,两个人也走上了截然不同的人生道路。

总之,只有结交良师益友,才能"听君一席话,胜读十年书"。否则，可能会适得其反，让自己走下坡路，每况愈下，难以自拔。孔子说："三人行，必有我师焉。择其善而从之，其不善者而改之"，讲的就是这个道理。乐于与人沟通，善于与人沟通，多交良师益友，让思想交流碰撞，共同提高心智，这才是人际交往中的大智慧。

三、谦恭自守

《庄子·人间世》指出:"气也者,虚而待物者也。唯道集虚。"这句话大致可以这样理解——一个人不应只用耳朵听、用心去感受外界,而是要抛弃心中的成见,让心灵"虚而待物",才能成为谦谦君子,从而体悟大道。庄子认为,一个人要保持内心的纯净与空灵,要"去知集虚",只有这样才能摆脱尘世功利心的困扰,拥有快乐美好的人生。具体来说,就是做人要谦虚,如果狂妄自满,就很容易做出一叶障目、贻笑大方的事情。古往今来,闹过这类笑话的人数不胜数,《警世通言》里写过一个大才子苏轼踩"雷"的故事。

话说有一次,苏轼去拜访王安石,当时王安石正在睡午觉,管家便请苏轼到王安石的书房用茶等候。管家走后,苏轼先翻看了一阵书橱中的书,然后开始欣赏书桌上的笔砚,他打开砚匣,只见是一方绿色端砚,材质甚佳,堪称极品。砚池内余墨未干,正要盖上,忽然发现砚匣下露出一个纸角儿,抽出一看,原来是未完的诗稿,标题是《咏菊》,内容只有两句:

"西风昨夜过园林,吹落黄花满地金。"

苏轼读罢,不禁哑然失笑。第二句诗说的黄花就是菊花,而菊花秋季绽放,敢与秋霜鏖战,最为耐寒,即便干枯,也不落瓣。王安石写"吹落黄花满地金",岂不是错了?苏轼非常自信地举笔沾墨,续了两句诗:

"秋花不比春花落,说与诗人仔细吟。"

然后,不等王安石醒来,就跟管家告辞回去了。不多时,王安石睡醒午觉,来到书房,看到诗稿,一眼就认出了苏轼的笔迹,嘴上没说什么,但心里想:"屈原的《离骚》中就有'夕餐秋菊之落英'的诗句,他不觉得自己学疏才浅,反倒讥笑老夫!"随后,转念一想:"且慢,看来苏轼并不晓得黄州菊花是落瓣的,这也怪他不得!"

后来,苏轼在政治斗争中遭受打击迫害,被贬到黄州担任所谓团练副使。在黄州,苏轼结识了蜀地老乡陈季常,一见如故,成为莫逆之交。九九重阳这一天,秋高气爽,陈季常来访,苏轼很开心,请他同往后花园赏菊。一进后花园,苏轼就惊讶地发现,地上金黄一片,枝上全无一朵。苏东坡目瞪口呆,半晌无语,随后感叹道:"当初我狂妄无知,续写王丞相的《咏菊》诗,谁知他并没有错,是我孤陋寡闻,自以为是了。今后我一定得谦虚谨慎,不再轻易取笑别人。唉,真是经一事,长一智啊!"

人无完人,大家都容易犯这样的错误:常常固守自己思想中某些固有的成见,闭目塞听,思想僵化,仅凭一知半解就评判全局。所以,做人要谦虚,要敞开心扉,放开眼界,避免被自己的成见蒙蔽。

人类作为智慧生物,有能力认识世间的万千事物,但最难认识的恰恰是我们自己。人们容易自命不凡、狂妄自大,在前进的路上跌跌撞撞。只有认清自己,才不会迷失方向。一颗谦虚的心,可以帮我们获取更全面的信息,帮我们结识更多良师益友,帮我们把学习和请教内化成一种本能,帮我们在心中竖起一面永远明亮的镜子。

取得点成绩就飘飘然,这是大多数人的通病。成绩会使我们的虚荣心膨胀,进而失去理性思考的能力。其结果是,不但无法取得更好的成绩,还可能损兵折将,甚至"赔了夫人又折兵"。而谦卑拥有无言却巨大的力量,一个人如果想在纷繁复杂的世间过得美满,就必须始终保持谦卑。谦卑是一种人生的大智慧,是一个人取得更大成功的保障,拥有它的人心胸宽广、虚怀若谷、海纳百川。

"自满者败,自矜者愚"是元代史弼的道德教育读物《景行录》中的至理名言,大意是说,自大自满的人必将失败,自以为是的人是愚者。过高地估计自我,狂妄自大且不懂收敛,最终必将会跌入失败的深渊。一旦取得一点成绩，就认为自己了不起，期待别人的追捧膜拜，那就已经离失败不远了。

曾国藩的为人处世堪称难得。他常教导子弟说，"有福不可享尽，有势不可使尽"，要"常存冰渊惴惴之心，处处谨言慎行"。平日，他常把古人的"花未全开月未圆"七个字挂在嘴边，将其视作惜福保泰的秘诀。在他的《挺经》一书中，曾国藩写道：

"天地之道，刚柔互用，不可偏废，太柔则靡，太刚则折。刚非暴虐之谓也，强矫而已；柔非卑弱之谓也，谦退而已。趋事赴公，则当强矫，争名逐利，则当谦退；开创家业，则当强矫，守成安乐，则当谦退；出与人物应接，则当强矫；入与妻孥享受，则当谦退。若一面建功立业，外享大名，一面求田问舍，内图厚实，二者皆有盈满之象，全无谦退之意，则断不能久。"

大意是说，天地之道，要刚柔互用，不可偏废。太柔就导致萎靡不振，太刚则容易招至折断。刚并不是说要暴虐，只是矫正使弱变强；柔也并不是卑弱，而是一种退让、谦逊的态度。办公办事，就应勉力争取；争名逐利，就应当谦退。开创家业，应当奋发进取；守成安乐，则应当谦逊平和。出外与人接触应答，应该努力表现；回家与妻儿享受，就要悠闲舒缓。如果一方面建功立业，在外享有崇高声名威望；一方面求田问舍，在内图谋奢侈的待遇享受，这两者都有盈满的征兆，全无一丝谦虚退让的表示，那么这一切必定不会久长。这其实就是曾国藩恪守终生的处世智慧，非常值得我们深思借鉴。

四、人傲祸随

有的人，在工作学习中，稍稍取得了一点功绩，马上就开始翘尾巴，志得意满，甚至在别人面前傲慢自大起来。殊不知炫耀的背后就是"满招损"，傲慢常常是祸根。下面，来看看历史上的两个著名事例吧。

三国时期，刘备攻取益州后，关羽一直坐镇荆州。那时的荆州，地跨大江南北，统辖南阳、南郡、江夏、武陵、长沙、桂阳、零陵等七个郡，是魏蜀吴三方必争的战略要地。赤壁之战后，曹操还占据着南阳郡和南郡的北部，孙权占据着江夏郡和南郡的南部，剩下的四郡被刘备"借"去了。孙权曾多次派人去接管长沙、零陵、桂阳三郡，都被拒绝。孙权勃然大怒，派吕蒙率领两万兵马，想用武力夺回这三个郡。吕蒙夺取了长沙和桂阳两郡后，刘备急忙亲率五万大军出征，派关羽带领三万兵马直奔益阳。孙权也亲征并派鲁肃领一万兵马驻守益阳,与关羽对峙。就在此时,曹操攻下了汉中。为联合孙权共同抵抗曹操,刘备决定与孙权平分荆州。蜀吴之争,暂告平息。为了巩固联盟,孙权主动提出与关羽联姻,关羽以"虎女岂肯嫁犬子"而拒绝。

为辅佐刘备完成匡扶汉室,一统天下的大业,按照诸葛亮的战略谋划,关羽一直准备夺取襄阳和樊城。公元21年,镇守荆州的关羽,抓住战机,亲自率领主力北进。当时,魏国的曹仁驻守樊城,吕常驻襄阳。曹操从汉中班师长安后,派徐晃率军支援曹仁,驻屯在宛城。樊城之战开始后,曹操又调遣于禁和庞德前往助阵,驻扎在樊城北面。

面对众多强敌,关羽巧妙地利用地形优势,水淹曹魏七军,活捉了于禁。此后,魏国的荆州刺史胡修、南乡太守傅方,都投降了关羽。陆浑戎首领孙狼等也率众起事,响应关羽。一时间,关羽的声势"威震华夏",为避其锋芒,连曹操都有过迁都的念头。

吴国一边,孙权一直对关羽的傲慢愤愤不平,同时也对夺回荆州念念不忘。曹操秘密派使者与孙权谈判,结成联盟,答应如若携手打败关羽,就把荆州还给孙权。大战前夕,吴国上下同仇敌忾,吕蒙主动让贤,推荐陆逊代替自己出任主帅。陆逊虽然具备军事天才,但当时还很年轻,是个寂寂无闻的校尉。但孙权还是采纳了吕蒙的建议。陆逊到任后,先派使者给关羽送去了礼物和书信,在信中对关羽大加恭维,说什么水淹七军,胜过晋文公的城濮之战和韩信的背水破赵，还怂恿关羽继续发挥神威，将曹操彻底打败。关羽本来就没把陆逊这个无名小辈放在眼里，见他对自己如此恭敬，便愈加傲慢轻敌。他料想陆逊不敢率吴军进攻，就把荆州的大部分军队陆续调到了樊城。围攻樊城的战役开始后，魏军和吴军突然同时发起进攻，关羽腹背受敌，败走麦城，被吕蒙生擒，一代英杰就此陨灭。陈寿在他的《三国志·蜀书》中对关羽有一段评价，大意是：关羽是能够以一敌万的"虎臣"……然而，他有刚愎自用的明显缺点，因此而失败，是情理之中的。

关羽因傲而败，令人扼腕，好在留下了万世英名。历史上因傲而败的人物，不胜枚举，有些人不仅身败，而且名裂，比如清代名将年羹尧。

年羹尧（1679年—1726年）建功沙场，以武功著称。他二十岁中举，二十一岁就考中了进士，入朝做官。进入官场的年羹尧仕途平坦，升迁很快，历任翰林院检讨、侍读学士、内阁学士。1709年，年羹尧被康熙帝破格提拔，坐上了四川巡抚的位子，他用不到十年的时间，就从一介书生成为封疆大吏。此时的年羹尧深得康熙帝器重，康熙帝勉励他"始终固守，做一好官"，对他寄予厚望。

年羹尧本人也不负康熙厚爱，在击败准噶尔部入侵西藏的战争中，积极表现，果断历练，保障了清军的后勤供给，为最终胜利立下汗马功劳。1718年,年羹尧升任四川总督,兼管巡抚事,军政和民事大权一手在握。1721年,年羹尧进京入觐。康熙帝对他"推心置腹,无可比伦",并说:"朕再也没有什么怀疑你的地方了,你也不要有什么担心。"年羹尧回顾这段经历时说:"极世人之遭逢,非梦想所能到"。紧接着,年羹尧被提拔为川陕总督,成为西陲重臣。当年九月,青海发生叛乱,年羹尧一面组织正面进攻,同时巧妙利用当地土司间的矛盾,"以番攻番",迅速平定了叛乱。随后,抚远大将军、皇十四子胤禵被召回京,年羹尧受命与管理抚远大将军印务的延信共同执掌军务。

雍正帝继位后,年羹尧很快就得到了信任,更是备受倚重。在重要官员的任免上,雍正帝经常征询年羹尧的意见,并授予他大权。在年羹尧管辖的区域内,大小文武官员的任用一律听从年羹尧的意见。

除了国事,两人私交也很好,雍正帝对年羹尧的宠信堪称无以复加,年羹尧所受恩遇之隆,古来人臣罕能匹敌。1724年10月,年羹尧入京觐见,得到双眼孔雀翎、四团龙补服等非常之赐。年羹尧本人及父亲和两个儿子都被赏封爵位。在生活上,雍正帝对年羹尧及其家人关怀备至。年羹尧夫人生病,雍正帝都再三垂询,赏赐药物。对年羹尧父亲在京情况,年羹尧的妹妹年贵妃及她生的皇子的身体状况,雍正帝也时常在手谕中告知年羹尧。至于奇珍异宝、美味珍馐的赏赐更是源源不断。一次,雍正帝赏年羹尧荔枝,为保证鲜美,命令沿路驿站在6天内从北京送到西安。这甚至可与"一骑红尘妃子笑"相比肩了。

但是,随着官职的升高,权力的扩大,年羹尧居功自傲,变得不可一世。一次,他回北京,众多王公大臣都到郊外迎候他,而他却非常傲慢地挥鞭扬尘而过,对这些人正眼都不看一下。有时,他甚至对雍正也不够恭敬。一次,在军中接到雍正帝的圣旨,按理应摆上香案下跪接旨,而他随便一接便草草了事。事情传到雍正耳朵里,皇帝龙颜大怒。此外,年羹尧还利用任命官员的权力,大肆接受贿赂。这让雍正对他越来越忍无可忍,先是在密折朱批中暗批年羹尧,后来就开始了公开批评。

1725年3月,在进雍正帝的一份贺表中,年羹尧不慎把一个成语写颠倒了。这本是无伤大雅的疏忽,却成为压垮年羹尧的最后几根稻草之一。一个月后,雍正帝免去了年羹尧的川陕总督兼抚远大将军之职。随后,官职和爵位都一降再降。朝中大臣见年羹尧失宠,纷纷上奏折,揭发举报他的种种不法行为。年羹尧少年得志,招人嫉妒,成名后飞扬跋扈,不知得罪了多少同僚,只有人火上浇油,没有人替他说一句好话。雍正帝顺势将年羹尧捉拿,投入刑部大牢。经过一番举报和审讯,确定的罪名竟达92条,有30多条应该杀头。最终,雍正帝给这位昔日功臣留了一点面子,没有将他砍头,而是赐他自尽了。横刀立马、叱咤风云的年大将军,倚仗功勋,无视朝纲,最终招来杀身之祸,落得个身败名裂、家破人亡的下场。

像这种取得了成就便作威作福、目中无人、唯我独尊的人,最后遭受失败也是情理之中的事情。傲慢自大的人，往往是心胸和眼光都很狭隘的人，对别人充满偏见和成见，只盯着自己的长处和别人的短处，以己之长比人之短，自然就形成了强烈的优越感。这种缺乏自知之明、失去客观公正的优越感，正是葬送前程的罪魁祸首。做人不能恃才凌人，不能恃宠作威，应时刻牢记，"弓硬弦常断，人傲祸必随"，任何时候都要脚踏实地，仰视苍穹，平视众生。

五、守诺守心

人生在世，短暂不过百年。世事纷乱，人情复杂。若唯利是图，活得就会像追腥逐臭的蝇虫。若要堂堂正正地做人，心里就需有一根定海神针，让心不会随波逐流。道德信念，就是我们心中的指南针和定海神针，而遵守承诺就是道德信念中重要的一条。如今，一说到守诺，大家首先想到的是白纸黑字的书面承诺。如果能遵守口头承诺，那就真是值得交口称赞，美名远扬。不过，这还不是守诺的最高层次。有一种诺言，是在心中默默立下的，没有公开宣誓，没有写下字据，也没有找人作证，但立下诺言的人却能自觉恪守。这才是真正的守诺！真有这样的人和事吗？古已有之。下面，看一看两千多年前恪守心中承诺的故事吧！

春秋时期，吴国有一位季札。他可不是普通百姓，而是吴王寿梦的小儿子。由于季札从小品德高尚，父王就想把王位传给他，但他坚持让给兄长们。三位兄长都先他辞世了，他也不参与王位争夺，让位给侄子。这样高尚的人，深得历代吴王和百姓的信任与尊重，多次代表吴国出使中原大国。有一次，吴王派季札出使鲁国，在途中要经过徐国。徐国国君设盛宴热情招待他。宴会过程中，徐国国君言语之间，对季札腰间宝剑的喜爱之情溢于言表。但作为一国之君，他实在不好意思说出口。季札心里想："徐君喜欢我的宝剑，为增进两国的友谊，我应该把它赠送给徐国国君。但是，现在还不是时候，因为我要出使鲁国。鲁国是礼仪之邦，这把佩剑是必不可少的身份象征。如果不佩戴它，就是失礼了。所以，只能等访问鲁国回来以后再送给徐君。"于是，季札在心里默默立下了这个承诺。

后来，等他顺利出使完鲁国，返回吴国经过徐国时，特意去拜访徐国国君，准备把宝剑亲手送给他。不幸的是，徐国国君刚刚去世了。季札听到这个噩耗，亲自前往徐君的陵前祭拜。祭拜完，把宝剑挂在了陵前的树上，然后才离开。他的仆从问："主人，您何必这样做？您当初并没有亲口答应过徐国国君要把宝剑送给他。而且，就算您答应过他，他现在已经不在了，您遵守不遵守诺言还有何意义呢？"季札严肃地回答说："不是这样的！我的心里早就已经答应送给他了。这内心的承诺，无论如何也不能违背！"

这就是著名历史典故"季札挂剑"的由来。这个典故最早由司马迁记载在《史记》中，原文只有不足百字。但两千多年来感染了无数人。从这个典故我们可以看出，真正高尚的人，会真正地信守诺言，不仅是纸面的诺言，还有内心的承诺。他们这样做，是为了"不背吾心"。他们守的不仅是诺言，也是他们冰清玉洁的心。

六、知足知止

《增广贤文》是一部传统儿童启蒙读物，同时也是一部优秀的德育教材。它最晚成书于明朝万历年间，作者是谁，已无从考证。《增广贤文》集结了大量格言谚语，大多数来自经史子集、诗词曲赋、戏剧小说以及笔记杂谈，其思想观念都直接或间接地来自儒家和佛家典籍，从广义上来说，是雅俗共赏的"经"的普及版。这本书影响深远，几百年来，其中的很多名句常常为人引用，例如："知足常足，终身不辱；知止常止，终身不耻。"这句话是提醒我们，凡事要知道满足，要适可而止。做人应该坚持修敬天之德，怀律己之心，思贪欲之害，弃非分之想。这样，才能让自己的一生少有过失，免于蒙羞受辱。

金朝的名臣石琚就是这样一位榜样。终其一生，他都坚持以知足知止为立身的根本。据《金史·石琚传》记载，石琚从小聪明伶俐，七岁时读书就能过目不忘。长大后，不仅博通经史，而且诗词文章写得也很好。金熙宗天眷二年（1139年），石琚考取进士第一，也就是我们所说的状元。此后，石琚出任邢台县令。当时，官场腐败，贪污贿赂成风，而石琚不仅洁身自好，还常告诫同僚不要见利忘义。

邢台太守是个非常贪暴的家伙，动不动就向下属县令索贿。大部分县令都搜刮民脂民膏，一手贿赂上级，一手中饱私囊。只有石琚，坚决不给太守一枚铜钱，还规劝他说："一个人见利忘义到了这个地步，就要大祸临头了。你敛财无度，不计利害，自作聪明，在我看来真是愚蠢至极。回头是岸，我实在不忍见到你东窗事发的那一天。"财迷心窍的邢台太守不但拒不认错，竟反咬一口，向朝廷上书诬告石琚贪赃枉法。结果，邢台太守终因贪腐受到严惩，下属几个县令也被一一治罪。石琚因清廉无私，提拔为吏部郎中。

石琚在吏部屡屡升迁，十年时间就做到了尚书。有人便私下向他请教升官的秘诀。石琚微微一笑，说道："我的升官秘诀就是不想着升官，只凭良心做事。这是每个官吏都能做到的，只是他们不屑做罢了。"

金世宗时，世宗任命石琚为参知政事（左右丞相的副职），不料他百般推辞。金世宗很惊讶，私下问道："这么高的官位，人人朝思暮想，你却不想当，这是为什么呢？"

石琚谦虚地以自己才德不配作答，金世宗仍不改初衷。石琚的亲戚听说了，赶紧来劝石琚："这是天下头等的大喜事，只有傻瓜才会放着这么大的官不当。你一生聪明过人，怎会这样愚钝呢？万一惹恼了皇上，我们家族都要受到牵连，天下人更会笑你不知好歹！"

石琚长叹一声："哎，看来我是不能再坚持己见了。"

石琚无奈地接受了朝廷的任命，私下对妻子忧虑地说："树大招风，位高多难，我是担心无妄之灾啊！"

他的妻子不以为然，宽慰道："你不贪不占，皇上又宠信你，你还怕什么呢？"

石琚苦笑着说："身处高位，便是众矢之的，岂是有罪与无罪那么简单？再说，皇上的宠信也是说变就变的，看不透这一点，就是权迷心窍啊！"

后来，金世宗又任命石琚担任太子的老师。其间，石琚奏请金世宗让太子熟习政事，嫉恨他的人据此诬陷他别有用心，想借机赢取太子的恩宠。金世宗听后有些狐疑，但经过一番细心观察，认定石琚不是这样的人。后来，金世宗把别人的谗言告诉了石琚。石琚为了少惹是非，还是辞去了太子少师的职位。

大定十八年（1178年），石琚升任右丞相，但他心里决定辞官归隐。他开导不解的家人和亲友说："我一生勤勉，有幸得此高位，这都是皇上的恩典，心愿已足。人生在世，祸在当止不止，贪财恋权。"

他一次又一次地上书辞官，金世宗多次挽留。拖延了好几年，最终无奈地答应了他的请求。有人对此议论纷纷，金世宗却感叹："石琚大智若愚，这样的大才天下无双，凡夫俗子怎么明白他的心思呢？"

金世宗对这位忠厚老臣一直念念不忘。有官员到石琚家乡上任，金世宗亲自提醒他们去探望石琚。石琚生前位极人臣，去世后享受了配享世宗庙廷的殊荣。

石琚确实是一位有大智慧的人，他清楚荣华富贵只是过眼云烟，终究有散去的时候。古往今来，"因嫌纱帽小，致使锁枷扛"的例子比比皆是。位高权重的石琚安享一生，就是因为他心里警钟长鸣！

隋朝大学者王通写过一篇叫《止学》的文章，其中有一句非常深刻的话："大智知止，小智惟谋。"意思是说，拥有大智慧的人知道适可而止，只有小聪明的人却在不停地谋划。因此，越是有所成就，越是不要忘记"知足知止"的道理。

第三章

礼仪

一、礼与智慧

泱泱中华,礼仪之邦。

什么是"礼"?孔子穷尽毕生精力,谆谆教导,有教无类,诲人不倦,教导他的弟子们要努力修身,学做君子。何谓君子?君子就是人格完善的人,内心充满美德,怀着仁爱之心,爱家人、爱朋友、爱祖国、爱人类、爱自然。这种满含人性温暖和智慧光芒的爱,体现在言行举止上,就是浑然天成的优雅、文明、自信与从容。先贤们便将这些合乎美德要求的行为称为"礼"。

学做君子,要同时从两方面入手。孔子说过,人身上有两种东西,一是质,内在的品德——质朴,真诚,孝顺;二是文,可以理解为"文采",说话文雅,举止有度,处事得体,让自己和别人都感觉舒服。这两种东西常常不对称。"质胜文则野",容易让人感觉粗野;相反"文胜质则史",客气得让人感觉虚伪。"文质彬彬，然后君子"，文与质都具备，内外兼修，就好比老虎的花纹与体魄，搭配得很完美，才能算是君子。所以，我们要两手一起抓，一是从内心去追求，不断提高品德修养；同时，也要从外在来培养，时时处处用礼来规范自己的言行。一个人从小学习礼，坚持实践礼，不仅可以涵养自己的德行，而且，久而久之习惯成自然，翩翩君子之风油然而生，逐步成为事业有成、人际和谐、家庭和睦、内心充实的人，这就是君子。

儒家把礼作为修身的最高境界，同时也把它视为做人的底线。几千年来，中华先辈建立起了一系列礼仪，并逐渐完善，形成了具有鲜明东方文明特色的礼仪文化。律己修身、仁爱孝悌、讲信修睦、自谦敬人等，无疑是中华传统礼仪文化的精华。是礼仪，让我们的民族拥有了典雅的语言，文明的举止，和谐的人际关系，以及自信恢宏的气度。礼仪文化不仅在中国延绵数千年，还远播海外，影响至今。

礼是中华民族宝贵的精神财富，是中华文化的核心，同时，也是博大精深的华夏智慧的一部分。这主要体现在礼的建立上。礼是用来规范人的言行的，进而也就规范了社会。人性是善的，是区别于动物的最重要特征。中国人都相信一句话，"得道多助，失道寡助，失道之至，亲戚叛之"。没有道德，最后不会有好下场。但道德看不见摸不着，怎么办呢？中国人的老祖先运用大智慧，把道德细分描述成许多条可以实施的行为规范，仁义礼智信等都是。这样，礼就不是嘴上的说辞，更要做，举手投足，一言一行，都要有礼，一个人道德水平的高低，就看他实践礼的水平了。《礼记》说，"德辉动于内，礼发诸外"。意思是说，礼是德的外在表现。礼就是有道德理性的人的行为规范。一天天地按礼来做，使人完善德行，升华人格，这套规范统称为"礼"。礼是发自内心对人的尊重，是中国社会最重要的行为准则。如果我们的祖先没有运用大智慧创建礼制，整个社会就会失序、失范，我们就不会拥有五千多年的灿烂文明。

儒家思想是中华文化的基础与核心，而践行儒家思想则是一种实践智慧，是中华优秀传统文化的重要构成要素之一。在具体的实践活动与伦理情境中，这种智慧要求人能根据不同的时间、地点与对象，灵活应对，恰当决策。大体而言，儒家实践智慧的基础是"仁"，原则是"义"，具体行为规范则是"礼"。仁、义、礼就像三驾马车，两千多年来驱动中华文明的进步；也像三把标尺，始终规范着中国人行为的正当性与有效性。

"仁"是儒家思想的核心要素，是调和人的各种社会关系的基本伦理原则。从家庭到社会，人类行为中应处处闪耀"仁"的光辉。"仁"作为人类生产生活的根本价值基础，经由儒家对人性与天道的全面剖析，最终升华为人与天地万物和谐共存（天人合一）的理性认知。

依靠"仁"，人们得以在不同的活动中，做出合乎道德的正确选择。为了达到理想的实践效果，正确的方法论也必不可少。"义"的方法论意义，就是始终理性地看待和解决具体问题。

儒家实践智慧以"仁"为伦理学基础,以"义"为方法论根据,而"礼"则成为两者的具体表达。孔子认为,"礼"是人视听言动的行为规范,人通过它来实现"仁"。"义"是礼的根据或原理,礼是义的规范与表现。对于两者的关系,孟子的比喻非常形象:"夫义,路也;礼,门也。惟君子能由是路,出入是门也。"由此可见,儒家实践智慧具有明确的规范,那就是"礼"。如果说"仁"是人的思想与行为的终极价值目标,"义"是方法论智慧,那么,"礼"就是具体的规范、秩序和边界。

儒家实践智慧以"仁"为道德根基,启示人们应当时刻恪守道德底线。儒家实践智慧重视"义"的方法论智慧,启示人们在面对纷繁复杂的社会关系与事务时,辩证地看问题,理性地应对。儒家实践智慧强调"礼"的规范性意义,启示人们一言一行都不可突破道德与法律的边界。

总之,儒家实践智慧是中华传统智慧的重要部分,是"知行合一"的思想根基,而"礼"是这一精深智慧的"三足"之一。知礼守礼需要智慧,同时丰富智慧,是我们追求圆满人生的重要保障。

二、仪态之礼

端正的容貌，合适的服饰，是礼的起点。一个修养良好的人，一定是体态端正、服饰整洁、表情庄敬、言辞得体。这既是内在修养的流露，也是尊敬他人的表现。(《礼记·冠义》：礼义之始，在于正容体，齐颜色，顺辞令。吕大临解释说：这三者，都是修身的要素。必须学会，而后才能成为健全的人。)

同时，古人对头上戴的冠也非常重视。在正式场合，不仅要"冠正"，而且衣服必须做到"三紧"，那就是帽带、腰带、鞋带都要扎紧。这样，人的精神面貌才会显得振作，才能表现出对人和事的郑重。反之，就显得懒散懈怠，漫不经心。如果一个人衣冠不整，通常被认为是不尊重自己，也不尊重别人。

无论何时何地，对他人都不要有不敬的举止：容貌要端庄，认真听对方说话；说话时，语调要平缓稳重，不急不躁。这就是君子该有的容貌。(《礼记·曲礼》：毋不敬，俨若思，安定辞。郑玄解释说：礼的主旨是敬。朱熹补充说：这是尊敬他人者应该有的容貌和言辞。)

古时有这样的说法，凡是看人，以平视为宜，高于人之脸面则显得傲慢，低于人之腰带则定有心事，斜眼看人必是心术不正。因为眼睛是心灵的窗户，最能看出内心对他人是否敬重。与人对坐，要注意自己视线的高度。视线过高，是傲慢之相，视线过低，就好像有忧虑在心，会令对方无端猜测。如果左右斜视，会给人以心术不正的印象。

在正式场合，站立的姿势一定要正向一方，不要歪着头，探听左右。(《礼记·曲礼》：立必正方，不倾听。)姿态是一个人内在修养最直接的外在表现，歪坐、斜站、眼睛到处乱看是怠惰不敬的表现。

听长辈说话，开始时要注视对方的脸；听到中间，目光可以下移到胸部；最后，仍要让视线上回到长辈的面部，这是专心听讲的表现。(《仪礼·士相见礼》：凡与大人言，始视面，中视抱，卒视面，毋改。)如果目光游移不定，东张西望，不认真听对方说话，是失礼的行为。如果说话的是父亲，彼此关系亲密，目光可以灵活一些，但不要高于面部，也不要低于腰带。如果双方站着不说话，则视线要下垂，落在长辈的足部；如果坐着，则视线要落在长辈的膝盖上。

与人交往要保持自尊，不要有谄媚的神色，不要随随便便地讨好他人，也不要啰啰唆唆地说很多废话。(《礼记·曲礼》：礼不妄说人，不辞费。朱熹的解说：礼有常度，不为佞媚以求说于人也。辞达则止，不贵于多。)要谨记行胜于言的道理，不要总是满嘴空话而不见行动。一个君子，时刻不忘修身和履行自己的诺言，所以古人认为，修养自我身心，实践自己的诺言，称为善行。举止有修养，说话有道理，这是礼的本质。

礼的核心就是一个"尊"字和一个"敬"字。对于长者、幼者、尊者、卑者、强者、弱者，礼都有一定的节度。对于年纪比自己小的人，或者贫困的人，不做出轻视、欺凌的举止。(《礼记·曲礼》：礼不逾节，不侵侮，不好狎。孔颖达解释说：礼的主旨是敬，自己要谦卑而尊重他人，所以不要冒犯侮辱怠慢别人。)对于地位尊贵或大权在握的人，也不要表现出过分亲近的神态。

古人强调，走路脚步要稳重缓慢，双手的位置得体，目光端正，不要张口结舌，说话声音要平静，不随便咳嗽，头要端正，脖子挺直，呼吸轻柔，站立的样子像山一样，神色庄敬，不散漫。这才是君子应该有的雍容不凡的气度！容貌举止之间，最能体现出一个人的修养。所以，古人认为，礼就是要注重言行举止的细枝末节，坚持这样做，最能涵养一个人知礼守礼的本原。(《礼记·玉藻》：足容重，手容恭，目容端，口容止，声容静，头容直，气容肃，立容德，色容庄。朱熹点评说，这些就是涵养本原啊！)

向别人赠送礼物，或者从长者手中接受物品等，都必须用双手去接捧。接到后，捧持的高度要大致与心持平，以表示郑重。如果接受的礼物较大较重，不方便捧持，那么，提礼物的高度要与腰带大致平齐，不能随随便便拎着，不能拖到地上。赠送物品给对方，应该用双手呈交，而不能用单手递给对方，也不可以让在场的第三者转交。(《礼记·曲礼》：凡奉者当心，提者当带。郑玄解释说，这是身份尊卑地位高下的礼节。)在正式场合，执持重要的器物，要以左手为上。这类器物即使再轻，也要像捧持极重的东西一样，小心翼翼，以示敬重。

古人认为，衣着是内心世界的展现，穿戴要与内心的品行相称。君子的服装不求奢华，但求整洁。因此，古代有教养的孩子都不穿裘皮之类奢华的衣服。(《礼记·曲礼》：童子不衣裘裳。郑玄解释说，裘皮衣服"大温"，会消除阴气，使人受不了苦。所以，不应穿裘皮衣服，而应该穿简洁轻便的衣裳。)

三、孝敬之礼

孝敬父母是中华民族的传统美德，三千多年前的甲骨文中，就已经出现了"孝"这个字。它看上去就像是一个小孩子扶着一位老人，这描绘的正是人类的自然亲情。在东汉许慎编著的《说文解字》中，对"孝"是"能很好地侍奉父母"，热爱自己的父母是人类最自然的亲情，是一切情感的基础。爱父母最自然，也最容易做到，父母是儿女的生命之源，是无私地给予子女最多爱心的亲人。(《礼记·祭义》：立爱自亲始，教民睦也。清代学者孙希旦解释说：老百姓看重亲属，就能和睦相处了。)孩子一天天长大成人，父母也一天天衰老，甚至生活上难以自理。这时，最需要儿女的照料。儿女回报母养育之恩，是天经地义的责任。同时，从爱父母开始，将爱心推及于天下人的父母，才能使人们和睦相处。

传说孔子有三千名弟子,曾子是其中孝行最好的一位。两千多年来,曾子许多论述孝道的名言,一直被人们广为传诵。比如,曾子说,对父母的孝可以分三个层次:最高层次的孝,是一辈子都对父母保持尊敬之心;中等层次是自己一辈子保持操守,不会因为自己的过错而使父母蒙羞;最低的层次就是只能在日常生活方面照顾父母。(《礼记·祭义》:曾子曰,大孝尊亲,其次弗辱,其下能养。北宋学者黄裳解释说:侍奉父母只能让他们不遭受侮辱,只能让他们吃饱饭,这是低层次的孝。)此外,《礼记·内则》中记载,曾子还曾说,孝子赡养老人,会让他们内心快乐,不违背他们的意愿。在物质丰富的今天,对大多数家庭来说,衣食温饱已经不是问题。我们对父母行孝,更应注重老人的心理健康,让他们拥有安宁快乐的晚年。同时,孝敬父母是一辈子的事,不仅仅父母在世时要行孝,父母去世后,子女依然要保持对父母的尊重,爱父母之所爱,敬父母之所敬。

把肉烧得香喷喷的,先尝一尝,然后端给父母,这算不上是孝,只算是赡养。(《礼记·祭义》烹熟膻芗,尝而荐之,非孝也,养也。孙希旦解释说:赡养当然不足以称为尽孝,它只是孝理所当然的一部分。)君子所说的孝,是要让大家都交口称赞:"这位老人家多有福气啊,有这么孝顺的子女!"《礼记·祭义》中还说:"孝子之有深爱者,必有和气;有和气者,必有愉色;有愉色者,必有婉容。"真正深深敬爱自己父母的人,心中必然会有一团和气;心中有和气,脸上就必然有愉悦之色;脸上有了愉悦之色，在父母面前就必然会委婉温和。这样做，才是真正的孝。

孝敬父母，除了心中有和气之外，还要在生活中处处关心父母。如说话语气要平和，随着季节的转换问候衣着的寒暖，耐心地按摩抓挠病处等。(《礼记·内则》：下气怡声，问衣燠寒，疾痛苛痒，而敬抑搔之。孔颖达补充道，这是在说子女侍奉父母，应当声音气色都柔和。)照顾父母时，越是细枝末节处，越容易被忽略，就越应该做到做好。《礼记·曲礼》还说："父母有疾，冠者不栉，行不翔，言不惰。"父母亲生病了，子女除了侍汤奉药外，内心的忧愁也会流露在外。头都没时间梳理，走路没有了平时的神气，也不跟人闲聊说笑。不再开怀大笑，也不会发脾气，直到父母病愈，才恢复常态。

与父母一起出门，子女应该在前面引路，或者跟随在后面，如果父母年迈，就要亲热地牵着父母的手，或者恭敬地扶着他们的胳膊，小心护持。(《礼记·内则》：出入，则或先或后，而敬扶持之。郑玄解释说：走在父母前后都可以，这是为了随时方便照顾。)中国人自古以来就非常重视照顾老人的细节，连洗手之类的小事都考虑得面面俱到。例如，《礼记·内则》详尽地说，长辈洗手，年少的晚辈捧着盘接水，年长的晚辈往长辈手上倒水，长辈洗完手，要递上手巾。要主动问长辈有什么需求，恭敬地提供，声音平和，神色温柔。这类于细微处照料父母的规矩不胜枚举。

跟着父母去会见他们的朋友，父母如果没有让你上前，就不要贸然上前，以免影响他们交谈。让你上前见面了，但没有让你退下，就不要擅自离开，因为长辈们可能有话要对你说，或者有问题要问你。（《礼记·曲礼》：见父之执，不谓之进不敢进，不谓之退不敢退，不问不敢对。郑玄解释说：我们应该像尊敬自己的父母一样尊敬他们的朋友。）父母与朋友说话时，没有问你话，就不要随便插话。

孝体现在生活的细节上，比如子女有事外出，要事先告诉父母自己去哪里。回到家后，要先去问候父母，不要让父母惦记。（《礼记·曲礼》：出必告，反必面。吕大临解释说，父母双亲爱子女是爱到极致的啊！子女去游历，父母一定会希望他们平安；子女去学习，父母一定会希望他们学的是正道。）到长辈旁边打扫，要将扫帚盖住簸箕，以免灰尘飞到长辈身上。清扫时，簸箕要朝向自己，边后退边清扫。不要在长者吃饭、饮茶的时候打扫，也不要在长者与人谈兴正浓的时候去打扫。（《礼记·曲礼》：凡为长者粪之礼，必加帚于箕上，以袂拘而退；其尘不及长者，以箕自乡而报之。）

孝是中华传统礼仪和道德伦理的重要组成部分。古人对于孝的定义，有狭义和广义之分。敬重赡养父母是狭义的孝，是孝的基本含义。在此基础上，古人对孝的涵盖范围有所延展。孝不仅要体现在家庭中，还要体现在社会生活中。他们认为，平时起居不庄重，就是不孝；对国家不忠贞，就是不孝；当官不尽责，就是不孝;对朋友不诚信,就是不孝。(《礼记·祭义》:居处不庄,非孝也。事君不忠,非孝也。莅官不敬,非孝也。朋友不信,非孝也。孙希旦补充说,圣人对普通大众的教诲,是以孝为根本的。)孝是一个人品德的基石,对父母的孝,与对国家、事业、朋友的尽责尽心在本质是统一的。为父母争光的行为,都是孝敬父母的表现。相反,任何使父母蒙羞的言行,都是对父母的不孝。中华先贤以具体的鲜活的家庭伦理关系为切入点,以孝为起跑线,引导人一步一步沿着品德修养的正路前进,成长为对家庭、对社会、对国家都有贡献的人,成就自己的人生价值,这样的路径指导,是中华智慧的充分体现。

四、尊长之礼

尊老敬长是中华民族的传统美德，这不是一种狭隘的血缘亲情，而是要推己及人，把对自己父母的敬爱推广到天下所有人的父母身上。(《孟子·梁惠王》：老吾老，以及人之老。东汉学者赵岐解释说，"老"这个字有"敬"的意思。)据史书记载，远在上古时代，国家就有定期宴请老人的制度。那时还规定，五十岁以上的老人可以不吃粗粮，六十岁以上的老人每餐都应有肉吃，九十岁以上的老人无论到哪里都可享有充足的食品。在中国历史上，老人一直受到家庭和社会的关爱，这是一个悠久的优良传统。

和师长在一起讨论问题，如果师长提出问题或质疑，要耐心地等他把话说完再回答。(《礼记·曲礼》中有"恃坐于先生：先生问焉，终则对。"郑玄解释说，不应该打断扰乱师长说话。)向师长请教问题,要起立以示尊敬,不能在座位上随便发问。如果没有听懂,希望师长进一步讲述,也要起立。(《礼记·曲礼》:请业则起,请益则起。郑玄解释说,我们应该尊重师长,注重学习真知。"业"在这里指书籍篇章,"益"的意思是没听明白,想请老师再作讲解。)

古人非常重视从言行举止的细小处下手,来提高自己的修养。例如,在师长面前不打饱嗝、不伸懒腰、不擤鼻涕,即使实在忍不住打喷嚏、咳嗽,也要遮住口鼻,避开别人。在现代社会的各种场合,这些仍然是最基本的修养,需要多加注意,让好习惯成自然。

师长们通常年事已高,精力往往比较差。坐在师长旁边讨论交流时,要随时注意他表情的变化。如果师长显露出困顿疲倦的神态了。这时,陪坐者应该主动告退。(《礼记·曲礼》:侍坐于君子,君子欠伸,撰杖履,视日蚤莫,侍坐者请出矣。孙希旦解释说,这样做是体谅师长的意思。)即使师长身体健康,拜访的时间也不要太长,那样会干扰他们的生活和工作。只要不是师长特别挽留,都应该在适当的时候告辞。

与师长谈话或讨论问题,注意力要集中,思维要积极活跃,要勇于表达自己的见解,但不要照搬别人的说法,总是说与他人大同小异的话。(《礼记·曲礼》:毋勦说,毋雷同。孙希旦解释说:抄袭别人的说法就是窃取别人的思想财富,雷同则显示出你没有自己的见识。)凡是师长还没有提及的话题,不要抢先去谈,那样会让人觉得你在掉书袋炫耀学问。

晚辈从小就要养成尊敬长辈的习惯,在生活中要注意尊重长辈的地位,如多个人一起在一个房间里,中心的座位要留给长辈。(《礼记·曲礼》:为人子者,居不主奥,坐不中席。郑玄解释说,古人认为居室中西南的角落是尊贵的主位,称之为"奥"。)见到师长和客人应该鞠躬行礼,以示敬意。对越是尊贵的人,鞠躬的角度要越大,弯腰的时间要越长。《礼记·曲礼》中还说:"长者与之提携,则两手奉长者之手。"晚辈与师长握手,一定要用双手。单手相握是平辈人之间的礼节。

跟随师长出门,看到远处的熟人,不要隔着马路与人说话,那样不仅是怠慢身边师长的表现,也是不尊重他人的表现。在路上遇见师长,应该快步上前,站立端正后行礼。如果师长问话就回答,否则就可以快步退下。(《礼记·曲礼》:从于先生,不越路而与人言。遭先生于道,趋而进,正立拱手。孔颖达解释说:我们称老师为"先生",是说他们比我们先出生,德行更深厚。)如果是站在路上时遇到师长,应该主动让路,退到路边站立,然后再行礼。马车在古代是重要的交通工具,同时也是身份和地位的象征。古人很讲究驾车和乘车的礼仪。如果驾车出行,在路上遇到师长,要放慢车速,并向师长致意。急驰而去是傲慢无礼的。

对于年龄与自己父母差不多的人,应该像尊敬自己的父母一样尊敬。对于年龄与自己的哥哥姐姐相仿的人,要像对待自己的哥哥姐姐一样尊重。对于与自己年岁相仿的人，可以比较随和地相处。(《礼记·曲礼》：年长以倍，则父事之；十年以长，则兄事之；五年以长，则肩随之。孔颖达解释说：肩随是大致并肩但稍稍落后一点。)在师长面前，不要说自己"老"，也尽量少提"老"字，师长因年老而神衰体弱，这样说容易引起他们的伤感。(《礼记·曲礼》：恒言不称老。)

五、修身之礼

人之所以成为人,是因为人懂得礼仪。(《礼记·冠义》:凡人之所以为人者,礼义也。)《礼记·曲礼》中有这样的比喻:"鹦鹉能言,不离飞鸟;猩猩能言,不离禽兽。"人类懂得礼仪,所以能从动物界脱离出来,不再与禽兽为伍。人在社会上生存,要通过礼仪来表达思想和情感,如婚丧嫁娶,都有一定的规矩和仪式,来展现人的意义和价值。

孔子教导他的弟子,要努力修身,成为人格完美的君子。修身的重要途径之一,就是学习和践行礼。对于人来说,礼就好比脊梁一样重要,就像是树木,有了粗壮的树干,才有茂盛的枝叶。(《左传·成公十三年》:礼,身之干也。孔颖达解释说:这是用树木来比喻。树木以主根为干。)

一个人富贵而又懂得遵守礼节,就不会因为财富和地位而骄傲自大放荡不羁。虽然身处贫贱,只要坚持礼节,可以使人保持坚定的意志,不轻易被外界困难所动摇。即使是路边的苦力和小商贩,也一定有值得尊敬的地方。(《礼记·曲礼》:富贵而知好礼,则不骄不淫,贫贱而知好礼,则志不慑。夫礼者,自卑而尊人。虽负贩者,必有尊也,而况富贵乎!孙希旦解释说,恭敬辞让的美德,人人都能具有,所以苦力商贩也必定值得尊敬处。)

《论语》记载了这样一个故事。孔子的学生陈亢问孔子的儿子孔鲤:"你是老师的儿子,老师对你一定会有特殊的传授吧?"孔鲤回答道:"父亲对我的教育,其实与大家是一样的。如果一定要说对我有什么单独的传授,那只有两次。有一次,他老人家独自站在庭院中,我从他面前走过,他问我:'学诗了吗?'我说:'还没有。'他说:'不学习诗,就说不出有文采的话。'于是,我开始学诗。不久,他又站在庭院中,我又从他身边经过,他问我:'学礼了吗?'我说:'还没有。'他说:'不学礼,就无法在社会上立足。'于是,我就开始学礼。"(《论语·季氏》:不学礼,无以立。)

道德和理想是抽象的,无法触摸,而礼仪则是把道德和理想具体到人的言行上,把道德和理想变成现实的工具。(《礼记·曲礼》:道德仁义,非礼不成。孙希旦解释说,仁义与礼,虽然都是出于人的天性,但是,只有礼才是天理的条文,人间事务的规则。有了礼,各种纷繁复杂、千差万别的事务就都有了一定的规则。)

傲慢之心不可以滋长,欲望不可以放纵。志气不可以太满,享乐不可以太过。(《礼记·曲礼》:傲不可长,欲不可从,志不可满,乐不可极。孙希旦解释说,傲是指太高看自己,凌驾于他人之上。欲望不可放纵无拘,志气太满会遭受损害,享乐太过会不思进取。)

礼讲究双方对等,要有回应。对人以礼相待,对方却不理不睬;受到别人的恩惠,却以为理所当然,这些都不符合礼的要求。所以《礼记·曲礼》中说:"礼尚往来,往而不来,非礼也;来而不往,亦非礼也。"

面对财物不要总是想怎样去占有。面对危难,不要总是想怎样去逃避。与人争论,不要总想压人一头。与人分财,不要总想多占一分。是师友研究明白的事,不要说成是自己的功劳。(《礼记·曲礼》:临财毋得,临难毋苟免。很毋求胜,分毋求多。疑事毋质,直而勿有。郑玄解释说,不贪财,是为了避免损害自己的清廉;不逃避,是为了避免损害道义;不多占,是为了避免损害公平。)

我们应该从小学习礼仪,践行礼仪,传承这一宝贵的传统文化和智慧。坚持学礼行礼,可以涵养我们的道德,在潜移默化中提高自身的修养。久而久之,好习惯成自然。(《大戴礼记·保傅》:少成若天性,习惯之为常。北朝学者卢辩解释说,人性本身可能并不具备完善的礼,如果从小就教育,就能学会,像天生就具备一般。朱熹也说过:"教而学,学而行,习与性成,化随教行,则风俗何患不正,人才何患不美?")这样,就会成为有翩翩君子之风的人,成为受大家爱戴的人,成为思想充实、生活圆满的人,拥有有价值、有意义的人生。

六、知礼知仪

泱泱中华，自古以来就是礼仪之邦。什么是礼？礼的核心内涵是"敬"，也就是"心存敬畏"。什么是仪？仪就是礼的外壳，就是其外在表现形式。礼和仪是有本质差别的，让我们通过一个历史故事来解析。

公元前537年（鲁昭公五年），鲁昭公到访晋国，拜访晋平公。当时正值春秋时期，各诸侯都非常讲究礼。晋国先在郊外举行欢迎仪式（称为郊劳），然后进行宴请、馈赠等一连串繁缛的外交仪式。在每一个环节，鲁昭公都做得非常得体到位。晋平公不禁对鲁昭公刮目相看，回到宫里，他对大夫女叔齐说："鲁国国君这不是很知礼吗？"女叔齐却不赞同自家主君的说法。他指出，鲁昭公擅长的只是仪，而不是礼。然后，女叔齐进一步解释道："礼是用来守卫国家、执行政令、获得民心的东西。现在，鲁昭公大权旁落，政令出于卿大夫。鲁国政权被季孙氏、叔孙氏、孟孙氏三大政治世家瓜分。老百姓成了卿大夫的附庸，都不关心国君的处境，也不在乎他能落个什么下场。身为国君，祸到临头，不赶紧想办法解决，却还专注于仪式的琐碎细节。说他知礼，恐怕与实际情况相差太远了吧？"

女叔齐的说法切中肯綮，"礼"的精神内核绝对不是掌握各种"仪式"的细节，而是要通过学礼、知礼、说礼和行礼，协调人事关系、安定世道人心。用这个标准来衡量，鲁昭公确实是不知礼的。而且，晋平公那样的评价，还有个原因，就是当时风闻，鲁昭公是个不太知礼的人。

据《史记·鲁周公世家》记载：昭公十九岁了，仍然有一颗童心（孩子气、不懂事的委婉说法）……亲戚去世了，居丧期间流露出喜悦的表情……

可以说，鲁昭公是个情商不高的人。而且，他处理政事急躁草率，导致了自己的失败。在访问晋国之前，鲁昭公住在齐国，他为什么没有住在自己的国家呢？因为在这一年，鲁昭公讨伐了位高权重的大贵族季孙氏的季平子，本来已经胜券在握，但他急躁傲慢，不懂得分化联合其他贵族世家，反倒促使他们勾结得更加紧密，合起伙来夺权。俗话说得好，好虎架不住一群狼，最后鲁昭公败北，流亡齐晋两国，一辈子没能再回归故国。

鲁昭公只知"仪"，不知"礼"，虽然熟悉外交礼节，却在治国上犯错，这就是"细节明白，大局糊涂；面上明白，心里糊涂"。他没有治理好国家，而是把精力用在学习外交仪式上，那无疑就是舍本逐末了。

我们应该提醒自己的是，古往今来，像鲁昭公这样对待礼的人可不少。他们简单地以为，礼就是在各种场合懂规矩，不丢"面儿"，不跌"分儿"。其实，这是非常肤浅的想法。孔子就曾感慨地说："说礼呀礼呀，难道就仅仅是指送礼用的玉和帛吗？"其实，玉帛只是用来表达敬意的礼物，就跟"仪"一样，替代不了"礼"本身。"礼"的核心精神是"敬"，要"心存敬畏"，这才是"礼"的实质。如果不把握这个精髓，就难免会像鲁昭公那样，只会学"术"，不懂悟"道"，只顾"面子"，丢掉了"里子"。

第四章 齐家

一、家训概说

孩子长大成什么样的人，全看家庭、学校、社会的培养、教育和影响。东晋的思想家傅玄说过一句千古名言："近朱者赤，近墨者黑。"孩子越小，培养和教育越重要，越容易受外界环境的影响。家，是孩子出生之地，是孩子人生的起跑线，是孩子的第一课堂。所以，家庭教育优劣与否，对孩子一生的成败至关重要。

中华文明自古以来就有一个优良传统，那就是对儿童教育的重要性有比较深刻的认识，尤其是在家庭教育方面，抓得更为切实。孔子经常教育孩子们说话要文明，不能骂人。曾子教育孩子待人处世要心平气和，不能撒泼撒野。孟子的母亲为了给儿子创造一个优良的成长环境，连着搬了三次家。许多古人为教育自家子孙，同时惠及天下的后代，撰写了"家训"。简单地说，家训就是家庭尊长教育子孙如何治家、做人、读书、处事的训导话。三国时，诸葛亮就写过《戒外甥》，要他树立远大志向，向古代圣贤学习，不能做庸俗下流的人。曹魏时，杜恕写过《家戒》。后来，北魏时的张烈也写过《家戒》。可惜的是，这两本家训都已失传。

保存至今，公认影响较大的一部古代家训是《颜氏家训》，作者是颜之推。他在南朝的梁、齐和后来的隋朝都做过官。这部书完成于隋朝仁寿（公元601—604年）年间。全书共十二篇，内容主要是治理家庭的方法和教育孩子懂事明理的建议。例如"圣贤之书，教人诚孝"。意思是：古代圣贤的著作，能够教人忠诚老实、仁爱孝悌，只有这种人才能在世上"立身扬名"。颜之推认为，教育孩子最紧要的是学会"克己复礼"，就是克制自己的私心杂念，服从伦理道德。他告诫子孙，做人不能像梁朝那些贵族子弟，奇装异服，游手好闲，成天坐着长檐车，踏着高齿鞋，或游山玩水，或下棋清谈。颜之推教育子孙，人好比金玉，愈打磨愈光洁晶莹。肯刻苦学习的人，一定会有更大的本领。《颜氏家训》是我国古代第一部名副其实、结构完整、内容丰富的家训，所以影响很大，流传广泛。后代多位学者为它增加注解或进行校正，推崇备至。

在颜之推的影响下，后代的家训层出不穷。比较有代表性的包括：宋朝司马光的《家范》、赵鼎的《家训笔录》、袁采的《袁氏世范》、陆游的《陆放翁家训》、朱熹的《朱子训子帖》、叶梦得的《石林家训》等。这些家训虽然也有不少封建说教的地方，但相比前人是有进步的，能从家庭、社会的许多实际情况出发，教育子孙保持清白节俭的家风，不能败家。关于读书学习，也成为家训的重要内容。南宋爱国诗人陆游教育子孙们说，天下许多事，要经过辛劳困苦才能成就。他根据自己的平生经历告诫子孙，不要巴结权贵名门，这样别人就不会说你的坏话。他还说，安心种田植树，一辈子也不会后悔。临死前，他还念念不忘国家的安危，不忘抗金。在《示儿》诗中嘱咐道："王师北定中原日，家祭无忘告乃翁。"陆游的高尚品德和爱国情操，对后代有深刻的影响。

明、清两朝的家训比前代数量更多，内容更丰富，形式也更多样。例如，为了适合孩子们阅读背诵，明朝的吕德胜把古代家训中许多道理和哲言编成儿歌，容易读，容易记，生动活泼，潜移默化。让我们来看几个例子。

"既做生人，便有生理，个个安闲，谁养活你？"
"能有几句，见人胡讲，洪钟无声，满瓶不响。"
"一切言动，都要安详，十差九错，只为慌张。"
"饱食足衣，乱说闲耍，终日昏昏，不如牛马。"
"自家过失，不消遮掩，遮掩不得，又添一短。"
"为人若肯学好，羞甚担柴卖草；为人若不学好，夸甚尚书阁老。"

吕德胜的儿子吕坤，从小就十分喜爱诵读父亲为他编写的这些家训儿歌。吕坤于明朝万历二年（1574年）考中进士，后来做过刑部侍郎，当官期间廉洁公正。吕坤深深体会到父亲用儿歌形式来写家训的好处，于是根据自己一生的体验，对父亲编的《小儿语》进行补充，编成《续小儿语》。这两部书至今仍广泛流传。

清朝的张伯行从前代家训里精心选取了一些哲言和规矩，分成若干条，要求自己的孩子们每天在做完功课后抄写一条贴在墙上，阅读背诵。一个月三十条，一年三百六十条，孩子们读熟、默念、领会，就能明白很多道理和规矩。后来，张伯行把这些家训内容编成了《养正类编》一书。这本书的内容丰富全面，例如，教育孩子们衣服、帽子、鞋子都要穿戴得端正，保持干净；住所、课桌和椅子都要整洁；要尊敬师长，说话要有礼貌；读书要细心，不可多一字，也不可落一字；要读得字字响亮，好的章句要背熟；读书时要三到——心到、眼到、口到；写字时每一笔都要笔到力到，不能潦草马虎；养成爱护书籍文具、不随意污损的好习惯等。

父母都是爱孩子的，都"望子成龙"。但是，在不同的时代，处于不同阶层的家庭对于子女的教育天差地别。古代的家训作者，大多数是封建文人士大夫，他们创作的家训，集中反映了他们的道德观、世界观和人生观，所以，必然有一定的局限性。颜之推关于教育问题，秉持一种保守的观点，认为："上智不教而成，下愚虽教无益，中庸之人不教不知也。"意思是：上等有天分的人，不需要教育和学习自然会成才；下等愚笨的人，再怎么教也是白费功夫；中等常人，不教就学不会。他还赞同孟子的观念，所谓"千年出一个圣人，五百年出一个贤人"。《颜氏家训》中，这类说教是比较多的。

元朝郑太和的《郑氏规范》认为，下棋、看戏、养鱼、喂鸟都是败家子才干的事情，要求子孙摈弃。很多家训都告诫子孙，不要读戏曲和小说这类"坏书"，蔑称这类书坏人子弟，玷污家风，见着这类书立即烧掉，甚至管束孩子们不要看戏，更不要与唱戏的人、耍杂技的人交往，一心一意读孔孟圣贤书。书海浩渺，有好书也有坏书，家长应帮助青少年识别，但不能因噎废食，除了圣贤书就一概不读。

古代男尊女卑的封建思想在诸多家训中有广泛体现。清朝胡方的《信天翁家训》说，女孩子读书认几个字就行了，其他书用不着教，看了"不正经的书"，就是犯了不孝之罪。黄正元的《妇女宜戒》（又名《闺箴》）说，女孩子只应该通过《列女传》这类书来识字，懂规矩。更夸张的是石成金，他在《家训钞》中说，女孩子识字读书，能懂道理的不多，倒是爱看小说戏曲，"挑动了邪心"，还是不识字的好。在《欲海回狂集》中，清朝周思仁对女孩子的梳妆打扮、行为举止总结了严格规定。例如，不能浓妆艳抹，笑不露齿，暑天至少也要穿三件衣服，不能显露肌肤，衣服不能晾在外边……这些家训是封建糟粕，都应当摈弃。

从整体上看，我国古代的家训，总结了家庭教育方面的宝贵经验，凝结了修身齐家方面的深湛智慧，对于培养人才，传承文明，弘扬正气都有着重要而积极的历史意义和现实意义，值得我们继承、研究和发扬。

二、断织三迁

人活着不是孤立的,也不能孤立。当处于社会这个大环境中,对于成长阶段的孩子来说,生活和学习环境对他们有直接的影响。而且,这种影响改变的往往是孩子的一生。古往今来,能育子成才的家长,无不重视生活和学习环境的选择和营造。孟子的成才就是一个典型的例子。

孟子名轲,是我国古代著名的思想家、政治家和教育家。他出生在战国时期鲁国的一个没落贵族家庭。孟轲小时候是一个淘气的孩子,为了他的成长,母亲操了不少心。可以说,孟轲一生的成就,与母亲的良好教育密不可分。

孟轲三岁的时候就失去了父亲,贤惠勤劳的孟母一方面独自承担起家庭的生活重担,浆洗纺织;一方面严格教育孟轲,督促他用功读书,日后成为德才兼备的人。但是幼年时期的孟轲,虽说性情活泼、开朗,但贪玩好闹,不愿受拘束。

当初,孟轲母子的家靠近一片墓地。因此,孟轲小时候和小伙伴们总是有样学样,玩一些下葬哭丧一类的游戏。聪明的孟轲还特别喜欢学着营造坟墓和埋葬棺椁。孟母见了说道:"这里可不该是我带着孩子住的地方啊!"

于是,她带着孟轲搬离了这里,迁到了一处集市的近旁。在这里,孟轲又学起了商人夸口叫卖的本事。孟母又说:"这里也不是我应该带着孩子住的地方啊!"

于是,她不辞辛劳,再次把家迁到了一处学校的旁边。这样一来,孟子学习模仿的,就是祭祀礼仪、作揖逊让、进退法度这类仪礼方面的规矩了。这时,孟母欣慰地说:"这里才真的是可以让我带着儿子安心居住的地方啊!"

后来,他们母子就长期在这里住了下去。孟轲长大成人后,精通《易》《书》《诗》《礼》《乐》《春秋》等六艺,最终成了儒家大师。后世的君子贤人都盛赞孟母善于利用环境熏陶教化孩子。

这就是著名的"孟母三迁"的故事。每次说到这个故事,大家总是从"父母要为子女营造良好的生活和学习环境""择邻而居"的角度来赞扬孟母,但这只是问题的一方面。另一方面,孟母教子的成功,还因为她拥有坚定的决心和强大的行动力。在两千多年前的古代,对于一对孤儿寡母来说,搬家是一件多么不容易的事啊,更何况是连搬三次呢!但孟母坚决果断,绝不得过且过,没有"顺其自然",更没有"改变不了环境就去适应环境"。如果那样,世上只会多一个庸人俗子,少了一个哲学大师。

孟母教子的故事不止这一个。

孟子上学后,母亲仍然坚持严格教导。有一次,孟子放学回到家,母亲正在织布,见他回来,便问道:"最近学习怎么样啊?"

孟子漫不经心地回答说:"还是那样儿。"

孟母见他一副无所谓的样子,十分生气,二话不说,拿起剪刀就把织布机上正在织的布匹剪断了。孟子一看,吓了一大跳,赶紧问母亲:"您为什么发这么大的火呢?"

孟母语重心长地说:"孩子啊,你学习半途而废,不就像我把这匹尚未织完的布剪断一样吗?要知道,君子努力学习可以立身扬名,不耻下问能够获得广博的知识;一个人有了好名声和大学问,在家里可以安心度日,在外做事不会招灾惹祸。而现如今,你不努力学习,半途而废,怎能获得好名声,怎能拥有大学问?不能立身扬名,没有广博的知识,就不能摆脱灾祸。要知道,如果我们做事半途而废,就等于断绝了衣食来源,就等于放弃了道德修养。这样的人,就算不当贼,也只能作别人的奴仆!"

母亲的一席话,令孟子幡然醒悟。从此,他勤奋苦读,学问迅猛增长。后来,孟子曾拜孔子的孙子子思为师。后世学者大多认为孟子是孔子学说的继承人,所以,千百年来,孟子都享有"亚圣"的尊称。

孟母教子的故事，最早出现在西汉文帝景帝年间学者韩婴编著的《韩诗外传》中。几十年后，另一位学者刘向在他的著作《列女传》中，进行了更加生动细致的描述。

　　这两个故事，遂成为我国古代家庭教育，尤其是母亲教子的典范。不仅历代文人墨客大家赞颂，儿童读物《三字经》也进行了讲述，连乾隆皇帝都为孟母加了封号。由此可见，孟母的家庭教育方式深刻地触动和影响了历代家长。她身体力行，言传身教，果敢坚定；她克服困难，注重社会环境、人际交往对孩子的影响，重视为孩子创造和选择良好的生活和学习环境，这些都是颠扑不破的大智慧，是非常值得人们借鉴的。

三、和睦邻里

常言道:"远水不解近渴,远亲不如近邻。"和谐的邻里关系也是良好家风的一部分,能和睦邻里也是一种处世智慧。

晚清名臣曾国藩对邻里关系就十分重视。他在给儿子纪泽的信中写道:李申夫(曾国藩幕僚)的母亲曾经说过,(有些人家)用钱和酒款待远方的亲戚,可一旦遇到火灾、盗贼,却只能央求邻居帮忙,这是告诫富贵人家不能只知道善待远方的亲戚而怠慢近在眼前的邻居。

在处理邻里关系方面,曾国藩非常注重一些细节。咸丰二年(1825年)八月,在太湖县任职的曾国藩接到母亲病故的噩耗,连忙返乡奔丧。途中,他怕弟弟和儿子因此事影响邻里关系,就写了一封信给他们,特别叮嘱他们不要催讨亲族乡邻欠他们家的款项,并强调即使送来也可退还。

欠债还钱本是天经地义的事，何况在曾家遭遇考妣之丧的时候。但曾国藩也借过钱，知道借钱的人都是极为窘迫的，万不得已才开口借钱。所以，曾国藩不催讨是体谅借钱邻里的难处。正是这种想人所想、急人所急的做法，为曾家换来了和谐的邻里关系。

善待邻居可以说是中华民族的优良传统，这方面也有很多家喻户晓的故事，清代"六尺巷"的故事就是礼让待邻、促进邻里和谐的美谈。

清朝康熙年间，当朝宰相张英的家人打算扩建府宅，与邻居叶家产生了冲突，两家互不相让。张英的家人给远在京城的张英写信，想请他出面干涉。张英对家人倚官欺人的做法很不满意，就写了一首诗作为回信："千里家书只为墙，让他三尺又何妨？万里长城今犹在，不见当年秦始皇。"意思是说："你千里迢迢写来家书，原来就是为了一面墙的事情。就让别人三尺的地方又会怎样呢？你看万里长城今天还在吧，但是修建长城的君王秦始皇早就作古了。"家人看到信后受到感化，打消了锱铢必较的念头，按照张英的意思后退三尺筑墙。叶家一看深受感动，也后退了三尺。结果在张、叶两家之间便让出了一条方便乡邻的六尺小巷。于是就有市井歌谣云："争一争，行不通，让一让，六尺巷。""六尺巷"的故事从此就成为和谐邻里关系的最佳教材。

《南史》中记载了一则"高价买邻"的故事。

有个叫吕僧珍的人,生性诚恳老实,又是饱学之士,待人忠实厚道,从不跟人家耍心眼。吕僧珍的家教极严,他对每一个晚辈都耐心教导、严格要求、注意监督,所以他家形成了优良的家风,家庭中的每一个成员都待人和气、品行端正。吕僧珍家的好名声远近闻名。

南康郡守季雅是个正直的人,他为官清正耿直、秉公执法,从来不愿屈服于达官贵人的威逼利诱,为此他得罪了很多人,一些大官僚都视他为眼中钉、肉中刺,总想除去这块心病。终于,季雅被革了职。

季雅被罢官以后,一家人只好从大府第搬了出来。到哪里去住呢?季雅不愿随随便便找个地方住下,他四处打听,看哪里的住所最符合他的心愿。

很快,他就从别人口中得知,吕僧珍家是一个君子之家,家风极好,不禁大喜。季雅来到吕家附近,发现吕家子弟个个温文尔雅、知书达理,果然名不虚传。说来也巧,吕家隔壁的人家要搬到别的地方去,打算把房子卖掉。季雅赶快去找这家主人,愿意出一千一百万两的高价买房,那家人很是满意,二话不说就答应了。于是季雅将家眷接来,就在这里住下了。

吕僧珍过来拜访这家新邻居。两人寒暄一番,谈了一会儿话,吕僧珍问季雅:"先生买这幢宅院,花了多少钱呢?"季雅据实回答,吕僧珍很吃惊:"据我所知,这处宅院已不算新了,也不是很大,怎么价钱如此之高呢?"季雅笑了,回答说:"我这钱里面，一百万两是用来买宅院的，一千万两是用来买您这位道德高尚、治家严谨的好邻居的啊！"季雅宁肯出高得惊人的价钱，也要选一个好邻居，这是因为他知道好邻居会给他的家庭带来良好的影响。

家家都有作难的时候，和谐的邻里关系此时就显得尤为重要，正如《教儿经》中所言："莫把邻居看轻了，许多好处说你听。夜来盗贼凭谁赶，必须喊叫左右邻。万一不幸遭火灾，左右邻舍求纷纷。或是走脚或报信，左右邻居亦可行。或是耕田并作地，左右邻居好请人。或是家中不和顺，左右邻居善调停。"

"邻居好，无价宝。"邻居在很多时候，比亲人更能帮助我们解决燃眉之急。好邻居对我们生活的益处，相信大多数人都体验过，从中受过益，与邻居友好相处，也是生活中必做的功课。

四、涉世首师

"父母是孩子的第一任老师""父母要为孩子上好人生的第一课,扣好人生的第一颗扣子",这是质朴而纯粹的家教智慧。父母能教孩子什么呢?有些父母,可以教给孩子生存或职业技能;有些父母,着重教孩子礼节和规矩;有些父母,看重的是品德和素养。其实,这些方面都是并行不悖的。下面来看一个生动的事例,学习这个家庭的家长是如何对孩子进行忠贞教育的。

顾炎武是明末清初学识渊博的著名学者,在经学、史学、音韵学、文字学、金石学、方志学以及文学上,都有较深造诣,有承前启后之功,成为开启一代朴实学风的杰出大师。他继承和发展了明代学者的反理学思潮,独立思考,提出自己的鲜明观点。顾炎武还提倡"利国富民",并认为"善为国者,藏之于民"。他大胆怀疑君权,并提出了具有早期民主启蒙思想色彩的"众治"

的主张。"天下兴亡，匹夫有责"这个耳熟能详的观点，就是顾炎武提出的。

同时，顾炎武也是一位高风亮节的爱国志士，而他的忠贞情操，就植根于家庭教育。顾同吉是顾炎武叔祖顾绍芾的独子，可惜在十七岁时英年早逝。顾氏家族是昆山望族，长辈们商议后，就把年幼的顾炎武过继给了顾同吉的未婚妻堂伯母王氏。从此，顾炎武就跟着祖父寡母相依为命。顾炎武在王氏的抚育下，受到了良好的家庭教育。

王氏性格刚强，心灵手巧，十分勤劳，又有很高的文化教养，白天纺织，夜里读书到深夜。顾炎武四五岁时，她就开始教他读书写字。后来，顾炎武进了家塾，散学之后，王氏就会停下手中的活计，认真地考问他这一天学到的功课。她期望自己的儿子能成为一个学识渊博、品格高尚的栋梁之材。因此，常给顾炎武讲历史上和本朝的一些杰出人物的故事，例如岳飞、文天祥和方孝孺等。

天启五年（1625年），防御清军有功的熊廷弼被奸官陷害致死，全国百姓都愤愤不平。这年，顾炎武刚满十二岁。他看到祖父顿足长叹，母亲郁郁寡欢，心里很纳闷。一天晚间，他来到母亲房里，轻声问道："母亲，您和爷爷都不开心，莫非是家里出了什么事吗？"

母亲脸上浮现出一丝苦笑，她抓住顾炎武的手，把他拉到身边坐下，抚摸着他的头问道："孩子，你还记得本朝忠臣于谦的故事吗?"

"记得,您给我讲过。"炎武点点头说。

"那你再给娘讲一遍。"

"那是在一百多年前,蒙古入侵,宦官王振鼓动英宗皇帝御驾亲征,在土木堡被围,英宗被俘。消息传到京城,人心大乱,于谦大人挺身而出,组织抗敌,国家不可一日无君,他和大臣们拥戴代宗登基。于谦大人被任命为兵部尚书,军民一心,大败敌军。后来,英宗被放回,重新登基。于谦大人遭奸臣诬陷,被杀害了!"

说到这里,顾炎武的眼圈发红了,母亲爱怜地把他搂在怀里,深深叹了口气。

聪明的顾炎武这时猜到了祖父和母亲的心事,用试探的口气问道:"目前,熊廷弼大人也是被宦官和奸臣害死的吧?"

不料,母亲严厉地说:"你可不要乱说!朝廷的密探到处都有,传到他们耳朵里,就要惹下大祸的!"

随即,慈爱地问道:"你会背于谦大人的《石灰吟》吗?"

"不会。"

"好吧,我背给你听:千锤万凿出深山,烈火焚烧若等闲。粉骨碎身浑不怕,要留清白在人间。"

背完《石灰吟》,母亲语重心长地说:"孩子,你长大后,一定要像于谦大人那样处世做人啊!"

顾炎武应了一声"是",默默地将于谦的诗句和母亲的叮咛都深深铭记在心底。

顾炎武十三岁考入本县官学，十八岁那年，顾炎武在考核中被评为一等，他兴高采烈地赶回家向祖父报喜。祖父正伏在桌上抄录通报国家政治新闻的《邸报》。顾炎武恭恭敬敬地叫了声"爷爷"，他才抬起头来。

"爷爷，这次考试，我得了一等，受到老师褒奖。这是我的文稿，请您老人家过目。"说着，顾炎武将文稿双手递给祖父。

老人淡淡地应了一声，接过文稿，但看也没看，便放在了书案上。这让顾炎武有些失望。老人发现孙子神色的变化，微微一笑，让他坐下，语重心长地说："孩子，记住，读书人要学些切实有用的学问，天文、地理、军事、农政、水利、建筑和历代兴亡的道理，都必须认真研究。更要注重培养自己正直高尚的品德，只有这样，才能成为国家的有用之材。至于个人的功名利禄，是不应看得太重的！"

顾炎武认真地听完祖父的话，连声答应着"是！是！"

"何况现在，国家深陷多事之秋！内忧外患，日益严重，但朝中依然是朋党相争。做官的贪赃枉法，争名夺利；将领们拥兵自重，各怀鬼胎；读书人仍在空谈无用的'性理'之学。照这样下去，国家岂不危在旦夕！"

说到这里，爷爷不仅老泪纵横。顾炎武的心被深深地打动了。

三年后，清军南下，顾炎武积极投身反清复明斗争。一次，死里逃生的顾炎武回到常熟看望母亲。他一进家门，亲属就告诉他，在常熟陷落以后，老人便忧愤绝食，如今已经十几天了。听到这话，顾炎武泪如泉涌，他冲进母亲的卧室，跪拜在母亲床前，哭喊母亲。老人此时已是奄奄一息。在顾炎武的呼唤声中，她睁开双目，伸出双手，与儿子紧紧握在一起。她用微弱但十分坚定的声音说："炎武，你不必为我难过。我虽然是个妇人，但能与国家共存亡，也是一种大义，能留一点清白在人间！你要忠于国家，不要辜负我和爷爷的教导！"

"您放心，儿子绝不会做对不起国家民族，对不起列祖列宗的事情！"顾炎武大声立下誓言。

梁启超先生在《中国近三百年学术史》中评价道："我生平最敬慕亭林（顾炎武）先生为人，我深信他不但是经师，而且是人师。"

五、进德修业

《周易·乾·文言》:"君子进德修业。忠信,所以进德也;修辞立其诚,所以居业也。"强调君子要不断增进自己的美德、建立功业。其中,以忠诚和守信来增进道德,通过修饰文辞来明确自己的诚意,这是立业的根本。提高道德品质,修习学业或业务,使自己不断进步。

明太祖朱元璋农民出身,他既重视教育子女学习知识,也重视他们的道德修养。他曾经严肃地训诫太子和加封为藩王的其他儿子们:"你们知道'进德修业'的道理吗?这句话出自《周易》,意思是提高道德素养,扩大功业建树。古代的君子,内心充盈美德,自然而然地表现出来,所以才识高明,气宇非凡,善举越来越多,恶行杜绝。自己道德崇高,才能使别人信服,贤者才会团结在你周围,小人都退避三舍。君王如果能进德修业,那么国家必然井井有条。不然，没有不失败的。"

同时，朱元璋还对他们的老师提出了具体要求。他说："好师傅要做出好榜样，因材施教，细心培养。我的孩子们是要治理国家的，各位功臣的子弟也要当官管事。教育子弟的法子，最重要的是正心，正了心，什么事都能办好；心不正，各种私欲便乘虚而入，就会坏事。你们必须以真才实学来教导他们，不要只会背书本，那一点用都没有。"

为了帮儿子们"进德修业"，朱元璋在宫中建了一座大本堂，收集保存古今典籍，聘请各地名师大儒担任教师。此外，还精心挑选了一批有德行的名师，对儿子们进行严格系统的"德行"教育。洪武元年（1368年）立朱标为皇太子后，随即任命开国元勋李善长、徐达、常遇春等分别兼任太子少师、太子少傅和太子少保，命他们"以道德辅导太子""规悔过失"，促进太子的长足进步。这其中，被誉为"大明开国文臣之首"的宋濂，对于太子朱标的德行修养影响最大。

1386年，朱元璋定都南京，准备修建皇宫。儿子们主张把宫殿建得富丽堂皇些，对此，朱元璋没有同意。他教育儿子和经办官员说："宫殿只要坚固就行，不必过分华丽。尧是万世称颂的圣君，但他住的是茅屋。皇帝如果能注意节俭，大臣们就不敢奢侈。要知道珠宝不是宝，节俭才是真正的宝！"

内宫建成以后，朱元璋令画师将古人的行孝和他自己艰苦创业的经历画在殿壁上，并告诫儿子们说："我本是农家出身，靠着祖宗们积德行善,才有了今天。现在画好的这些壁画,就是要让后代子孙们知道创业的艰难,不敢骄奢淫逸。"

朱元璋不仅要子孙们铭记创业的艰苦,还要求他们"戒骄侈、恤民情、用仁义、安养百家",以便守住他打下的江山。他认为,"戒骄侈"就应该表"恤民",并指出元朝灭亡的主要原因,就是到了末年,君臣荒淫无度,残酷压榨百姓,人民迫于无奈,才揭竿而起。他教育太子:"你了解农家的辛劳吗?农家勤四体,种五谷,身不离田间,手不释犁杖,一年到头勤勤恳恳,不得休息,而国家经费都由之负担。所以,你要常想到农家的辛劳,取之有制,用之有节,使之不至于饥荒,才算尽到了为君之道。"

相传,朱元璋还立下两条家规:一是子孙除执行公务外,都要穿麻鞋,坐竹椅,睡藤床;二是出城远游,十分之七的路程骑马,十分之三的路程步行。总之,朱元璋确实是一位重视养民,体恤民情的皇帝;同时也是一位重视德行教育的父亲。在这两方面,他都采取了很多具体措施。

历史的车轮滚滚向前,朱元璋的子孙统治大明王朝近三百年,兴衰成败的原因,错综复杂,但对德行教育的重视无论在什么时候,都是值得我们学习和借鉴的。因为德行教育捍卫了人的根本价值,恪守了文明的基本底线。

综观历史,除了朱元璋这样的开国皇帝,很多将相世家,也非常重视德行教育。比如,明朝的抗倭名将戚继光的成长历程,就是一个经典范例。

　　戚继光为保卫祖国，抗击外来侵略，南征北战，戎马四十年，建立了不朽的功勋。戚继光的成才，与他的父亲对他从小施行严格家教是分不开的。戚继光出身军人世家，世袭登州卫指挥佥事（正四品，相当于登州卫军事指挥官的副手）。他父亲名叫戚景通，是一位武艺精湛、治军严明的将领，以清正廉明、刚正不阿闻名。史书上明确记载了他的事迹，例如，他担任江南运粮把总，宁可受上级处分，也不弄虚作假、虚报数目；他向朝廷推荐人才，拒绝收纳酬谢的银子。戚景通老来得子，在五十六岁那年才有了戚继光，自然高兴得不得了，对儿子格外疼爱。但戚景通没有因爱废教，而是爱得越切，教得越严。

　　戚继光很小的时候，戚景通就注意引导他树立宏大志向。有一次，他问道："你的志向是什么？"

　　戚继光回答："志在读书。"

　　戚景通因势利导，教育道："读书是为了提高道德修养，长大了忠于国家，孝敬父母，克己奉公，讲求气节。如果不明白这些道理，书读得再多也没有用。"

　　说完，戚景通命人把自己对儿子的要求写在墙壁上，让他时时都能看到。

　　戚景通还十分注意培养孩子俭朴的美德。有一次，外祖父家为戚继光作了一双十分考究的锦丝鞋子，他高高兴兴地穿在脚上，得意地在院子里跑来跑去。戚景通发现后，很生气，他把戚继光叫到跟前说:"你小小年纪,就穿这么讲究的好鞋子,长大了就会追求穿好、吃好、住好、用好。一旦有个一官半职,奢华的欲望会更加膨胀,俸禄满足不了需要,就会贪污受贿……这样不就把自己彻底毁了吗?"

戚景通越说越激动,最后让戚继光把丝鞋脱下,亲手用剪刀剪碎,并说:"你要记住这双剪碎的丝鞋,一辈子力戒奢侈!"

戚景通在外为官多年,回到故乡时,老宅已经两百年没修缮过了,再也不能拖延,不得不略做整修。工匠们觉得这老宅过于简朴寒碜,与戚将军的地位名分太不相称,但又深知戚景通的脾气,不好向他进言。于是,背地里对戚继光说:"戚家是将门之家,住宅过于简陋,有失颜面,你应该跟老爷说说,修得略微讲究点。比如厅堂的花窗,老爷只要求做四扇,如果做十二扇多好啊,又通风又敞亮。"

戚继光去跟父亲说了,父亲语重心长地教育道:"如果我们能保持操守,对得起祖宗,我们一大家子还能住在这里,四扇已经足够了。如果我们失德犯错,连这点家业也会保不住呢!图虚荣,讲排场,可能就是失德的苗头啊!"

戚景通七十二岁时,身患重病,弥留之际,仍然不忘教诲儿子,他指着晚年撰写的有关防御外寇的文稿说:"继光呀,我没有给你留下多少金银,但这些计谋策略比金银更为贵重。"

他还反复告诫儿子,做官后要不辞辛苦,不贪私利,忠于国家。戚继光没有辜负父亲的期望,戚继光承袭官职后,廉洁奉公,兢兢业业。在抗击侵略的战斗中有勇有谋,屡建奇功。他训练和统率的戚家军,纪律严明,所向披靡,令敌人闻风丧胆。

从戚家父子的事例看,进德是修业的前提和基础。所以,家长如果希望孩子长大后有所成就,就务必自幼从进德抓起,否则,修业将成空谈。

六、严父训俭

我国古代著名历史学家司马光历任北宋的天章阁待制兼侍讲、御史中丞、尚书左仆射兼门下侍郎（相当于宰相）等职。他一生著述丰富，主编的《资治通鉴》是我国编年体史书的代表作。司马光一辈子读书、编书，也爱书。

司马光在编写《资治通鉴》时，他让儿子司马康参与了这项工作。他看到儿子读书用指甲捏书页，很生气，教训儿子说："读书人应该好好爱护书籍，就像商人珍惜本钱一样。"

然后，司马光不厌其烦地给儿子讲了爱护书籍的方法：读书前，先要把书桌擦得干干净净，铺上桌布；读书时，要坐得端端正正；翻书页时，要用拇指和食指捏住页角，轻轻翻起。

不仅爱护书籍，司马光在生活的方方面面都节俭质朴。在他生活的年代，人们竞相讲排场、比阔气，奢靡之风盛行。这种习气,让熟悉历史的司马光深感的焦虑。他深知,这种社会风气极易腐蚀年轻人的思想。为使自己的子孙后代免遭奢靡之风的侵蚀,司马光特意给司马康撰写了《训俭示康》这篇家训,以教育儿子及后代继承发扬俭朴家风,永不奢侈腐化。这篇家训可以分为五个段落。

第一段的大意是,咱们司马家出身贫寒,世代传承清清白白的家风。我生性就不喜欢奢华浪费。小时候,长辈如果给我戴金银饰品,穿华丽的服装,我总是感到羞愧地拒绝。二十岁中了进士,按风俗参加所谓的"闻喜宴",头上要戴花,只有我不戴。同时中进士的人说:"这是皇帝的恩赐,不能违抗。"于是才在头上插了一枝花。我这一辈子,对于衣服,能御寒就行了,对于食物,能充饥就行了。但是,我也不会故意穿得又脏又破,沽名钓誉,只是顺着自己的本性做事罢了。一般的人都以豪奢为荣,我心里唯独以节俭朴素为美。有人讥笑我固执鄙陋,但我不认为这有什么不好,回答他们说:"孔子说:'与其骄纵不逊,宁可简陋寒酸';又说:'一个人如果活得简约,就会很少有过失';还说:'如果一个读书人立志追求真理,却以穿得不好吃得不好为耻,那是不值得跟他讨论学问的'。古人把节俭看作美德,现在的人却讥笑节俭,真是奇怪啊!"

在第二段,司马光指出,近年来奢侈之风盛行。我记得天圣年间(北宋初期),宴请客人也备办酒食,但最多敬七次酒。酒是从市场上买的,水果只有梨、枣、柿子之类,菜肴只有干肉、肉酱、菜汤等，餐具用瓷器和漆器。当时士大夫家里都是这样，人们并不会有说三道四。聚会虽多，但只是礼节上周到；招待用的东西虽少，但情谊深厚。近年来，在士大夫家，酒、水果、菜肴以及珍品特产，食物、餐具如果不能摆满桌子，都不敢请客。常常提前好几个月准备，然后才敢发信邀请。否则，大家就会笑他家吝啬。很少有人不跟风。唉！风气败坏成像这样，当官的即便不能禁止，也不该助长这种风气吧？

在第三段，司马光列举了宋朝几位先贤生活简朴的事例。李沆担任宰相时，宅院狭窄，厅堂前的院子，只够一匹马转身。鲁宗道担任谏官时，有一天真宗皇帝派人紧急召见他，是在酒馆里找到他的。入朝后，真宗问他："你担任清要显贵的谏官，为什么在酒馆里喝酒？"鲁宗道回答说："臣家里贫寒，没法招待客人，所以就到酒馆请客人喝酒。"真宗听罢，更加敬重他了。张知白担任宰相时，生活简朴，身边的人劝告他说："您现在俸禄不少，生活这样节俭，外面很多人讥讽您装模作样，欺世盗名。您应该稍微随大流才是。"张知白叹息道："人之常情，由节俭变奢侈很容易，由奢侈变节俭就难了。我现在这么高的俸禄能够一直拥有吗？如果有一天我罢官或死去，家人已经习惯了奢侈，就很难适应简朴的生活了，还不如一直保持简朴呢！"看，大贤者的深谋远虑，哪是常人比得上的呢？

在第四段，司马光详细论述了《左传》中记载的鲁国大夫御孙说的一句至理名言——"节俭是最大的美德；奢侈是最大的恶行。"司马光分析说，有德行的人都是从节俭做起的。有地位的人，如果节俭就少贪欲，如果少贪欲就不会成为物欲的奴隶，就可以走正道。没地位的人，如果少贪欲，就能约束自己，勤俭节约，避免犯罪，逐步富裕。反过来，有地位的人，如果奢侈就多贪欲，如果多贪欲，就会贪恋富贵，不走正道，招致祸患。没地位的人，如果多贪欲，就会贪图小利，随意挥霍，败坏家庭，甚至丧失生命。

在最后一段，司马光先颂扬了节俭的古人正考父、孟僖子和季文子，批评了奢侈的管仲、公叔文子、何曾和石崇。对于北宋名相寇准这位前辈，司马光直言不讳地指出，他生活奢靡，子孙承袭了这种家风，现在大多穷困潦倒。最后，司马光语重心长地说："因为节俭而树立名声，因为奢侈而自取灭亡的人还很多，不能一一列举。你不仅自身要力行节俭，还应当用这篇家训教导你的子孙，让他们传承好家风。"

从这篇有名的家训看，司马光不愧是大历史学家和文学家，他的文笔主旨鲜明，条理清晰，用史实说话，用道理服人。同时，娓娓道来，笔调亲切，没有一丝板着面孔教训人唱高调的味道。司马康牢记父亲教诲，最终学有所成，历任校书郎、著作郎兼任侍讲等职，并以博通古今和为官廉洁而著称于世。

这篇文章虽然是一家的家训，但它阐述的深刻哲理是值得每一个时代的每一个家庭认真借鉴的。

七、志在四方

出门在外,当然没有在家歇着舒服。去闯荡开拓,去干一番事业,当然更加辛苦,甚至要冒一定风险。在交通不便,信息不畅的古代,人们更是很少远行。但是,愿意冒险尝试的勇者不乏其人。"志在四方"自古就是鼓舞人勇闯天涯的惯用成语,它来源于《左传》中的一个故事。

晋文公重耳年轻的时候,流亡到齐国。齐桓公把女儿齐姜嫁给了他,还赏给他二十辆马车。重耳在齐国过得很安逸,就不思进取了,不再想着回归晋国成就事业。追随他的几位大臣觉得这样可不行,就凑到一起商量办法,恰巧被齐姜的侍女听到了。侍女回去报告了齐姜。齐姜鼓励重耳说:"您应该有四方之志。"后来,齐姜和几位大臣设法把重耳送回了晋国。重耳最终成为春秋五霸之一。

上面的故事中，是妻子鼓励丈夫志在四方。而在家庭教育方面，很多母亲也是这样鼓励孩子的。下面看两个这类的故事。

孟子待在齐国，整日长吁短叹，闷闷不乐。孟母看见了就问："你为什么愁眉苦脸的呢？"

孟子回答说："是我身体不舒服。"

过了几天，孟子闲来无事，在家里抱着柱子唉声叹气。孟母看见了又问："前几天看见你不开心，问你说没事，今天抱着柱子叹气，到底是为什么？"

孟子回答说："我听说，君子应该在其位谋其政，不求受赏，不贪荣禄。诸侯不听从我的政见，就不应该再拜见他。听了我的政见而不采用，我就应该不再踏入朝堂。现在，齐王不采用我的治国理论，我想离开齐国去他国。但是，母亲您已经老了，经不起颠沛流离，不能跟我一起走，我在为这个发愁。"

孟母听了，对儿子说："按照古礼，现在你已成人，而我已经老了。你行你的大义，我遵守我的礼。"这样，在母亲的鼓励和支持下，孟子离开齐国，走访好几个诸侯国，开阔了视野，增长了见识，对历史和现实，对国家和社会的各个层面，都有了更深入的了解，为他晚年著书教学，传承发展孔子的学说奠定了坚实基础。

王侯将相和学问大家要志在四方，其他人要想拓展眼界，拥有充实的人生经历，也要有这样的志向。

徐霞客是我国古代著名的旅行家，他一生在外游历三十多年。足迹北至河北、山西，南达云、贵、两广，共计十六省。漫长的游历生活，使他在地理学、民族学、民俗学等方面积累了丰富的资料和知识。年轻时，徐霞客就立下云游四方之志。但是，由于母亲年迈，需要奉养，所以不便远游，这使他内心充满了矛盾。好在，徐霞客有幸拥有一位见识卓远、豁达明理的母亲。

她一反当时读书做官的世俗观念，既不鼓励儿子走科举仕官之路，也不愿儿子因为自己的缘故困于家庭这块天地。她时常勉励徐霞客："好男儿应该志在四方，不该像关在笼子里的小鸡雏，套在车辕上的小马驹，一辈子困在狭小天地里。"

她亲手为儿子准备远游的行装，还特意为他缝制了一顶帽子，"以壮行色"。徐霞客临行前，母亲又鼓励道："你出门游历名山大川，要绘好地图，等回来拿给我看。不要惦记我，有小孙子和我做伴呢！"

在母亲的勉励下，徐霞客走上了科学旅行的征途。刚开始出游，徐霞客总放心不下母亲，所以目的地都离故乡江苏江阴不远。八十岁的老母亲看出了儿子的心思，便安慰道："不是跟你说了嘛，我身体很好，你不要牵挂。不信，我和你一同出去走走！"

为了证明自己身子骨硬朗，老人家叫儿子陪她到宜兴和句容游历了一番。一路上，她常常走得比儿子还快。

徐霞客理解母亲的良苦用心，深知母亲这样做是为了消除自己的后顾之忧,以便实现走遍天下的远大理想。徐霞客母亲的良苦用心没有白费,徐霞客不辞辛苦,历尽风雨,用双脚丈量大地,用双手写下了一部地理学和文学名著——《徐霞客游记》。

古人尚且如此,在交通、通信和各类服务都很便捷的今天,更应该向古人学习,不畏风雨,去开拓,去闯荡,去开辟……

八、自医医人

《针灸甲乙经》是我国历史上第一部完备的针灸专著，作者是晋朝人皇甫谧。

皇甫谧出身名门望族，他的曾祖皇甫嵩因镇压黄巾起义有功，官拜征西将军、太尉。后来，皇甫家族渐趋没落。皇甫谧的叔父没有儿子，他很小的时候被过继给了叔父。少年皇甫谧非常顽劣，一点都不求上进。当时正值三国时期，战乱频繁，他就天天和一帮村童疯玩，一手拿着荆条编的"盾牌"，一手举着根木杖当"长矛"，分兵布阵，厮杀嬉戏，玩得不亦乐乎。到了二十岁，仍然不爱读书，整天和一些游手好闲的青年在一起厮混游荡，有人甚至说皇甫谧叔叔婶婶的命真苦，收养了这么个傻儿子。那么，这位曾经的"傻子"，是怎么成为医学家的呢？这都要归功于他的婶母。

皇甫谧的婶母任氏待他很好，跟自己亲生的一样。虽然皇甫谧把婶母的教诲全当耳旁风，但婶母总是苦口婆心地劝他上进。

皇甫谧对婶母还是很孝敬的。有一次，他偶尔在外面得到一些瓜果，高兴得像个孩子一样，赶紧都拿回家，请婶母先尝尝鲜。可是，看着甜蜜的瓜果，婶母却一口也吃不下，她忧虑地说："孩子啊，《孝经》上说：'三牲之养，犹为不孝。'意思是说，如果作为子女，不能有所成就，就算每天早晚都能给长辈送上牛、羊、猪肉，也不能算孝。你现在已经二十多岁了，还是不务正业，不认真学习，不懂得道理，这世上什么吃的能安慰我呢？"

婶母深深地叹了口气，接着说道："故事里说，孟子的母亲为了教育他，搬了三次家；曾子的妻子哄孩子时随口说了句'回家杀猪给你肉吃'，曾子为了教育孩子诚实，就真把猪杀了。是不是因为我没有教育孩子的好办法，所以你才这么不成器呢？学习知识，培养美德，这都要靠你自己努力呀，我有什么办法呢？"说着，婶母不禁流下泪来。

婶母的一席话，令皇甫谧深受感动和激励，他幡然悔悟，痛改前非。听说乡邻中有位叫席坦的先生很有学识，皇甫谧就主动登门拜师，刻苦学习，从不懈怠。那时，皇甫谧家已经不富裕了，想吃饱饭，就得自食其力。皇甫谧下地种田，还随身带着书籍。就这样，诸子百家的著作，都被他读透了。日复一日，年复一年，持之以恒，皇甫谧终于成为西晋时期的著名学者。他一生不仅勤于读书,也勤于创作。可惜,由于年代久远,只有《帝王世系》《高士传》等几部流传下来。

皇甫谧本来身体就不大好,四十多岁时,得了严重的关节炎类疾病,非常痛苦,很难医治。当时流行一种叫"寒食散"的药,据说能强身祛病。皇甫谧吃了这种药后,非但病没好,还全身发热,冬天想光着身子睡到冰上去,夏天更是热得透不过气来。他痛苦极了,找了把刀想自杀,婶母又批评他说:"你读了那么多书,不就是要为世人做点事吗?这么随便就死去,所有的辛苦不是白费了吗?你怎么知道病一定治不好呢?"

听了婶母的话,皇甫谧振作起来,打消了自杀的念头。他想,医生治不好自己的病,那就找医书看,自己学着治病。他发现针灸可以治疗关节炎类疾病的记载,仔细研究了多部传统医书,并且在自己身上动手实践,不但治好了自己的病,还有许多新发现。在这个基础上,他广泛地搜集和整理过去的各种针灸资料,加上自己的体会心得,"使事类相从,删其浮辞,除其重复,论其精要,至为十二卷",终于编成了《针灸甲乙经》。

这部书奠定了针灸学科理论基础,一向被列为学医必读的古典医书之一,"是医人之秘宝"。由此,皇甫谧被尊为"中医针灸学之祖"。书的序言中,皇甫谧建议大家都要掌握一定的医学知识,他论述道:"父母生下我们,长成八尺身躯,如果不掌握医学常识,就是所谓的'游魂'罢了。虽然有忠孝之心,仁慈的天性,如果君父和孩子生病,就无法救助他们。这是圣贤们精密思考详细论述的道理呀!"

皇甫谧不仅在传统医学方面做出了突出贡献,同时也是了不起的史学家、文学家和哲学家。有学者总结,皇甫谧的一生,有"四大贡献"和"四大超越"。就贡献而言,文学方面著有《皇甫谧集》《玄晏春秋》《鬼谷之注》等,言辞犀利,字字珠玑,结构严谨,开一代文风清流;史学方面有《帝王世纪》《年历》《高士传》等,广纳博采,考据谨严,整理保存了许多珍贵的统计资料。"四大超越"是指,听从婶母教诲,发奋苦读,完成从浪荡少年到饱学名士的超越;不攀权贵,不走仕途,先后七次拒绝朝廷征召,这是从书生到隐士的超越;整理医书,自医医人,这是从病人到医者的超越;济世救人,淡泊名利,成为儒家、医家、道家共尊的圣贤,是从小我到大我的超越。

皇甫谧的贡献和超越,源于自身的努力,婶母的教诲鞭策也是重要根源。皇甫谧的人生垂范于后世,而他的婶母也是当之无愧的家教楷模。

第五章

韬略

一、当机立断

做事情就应该当机立断地大胆去做,而不能畏首畏尾、缩手缩脚。事情的变化往往会超过预期,当面对预料之外的情况时,是踌躇不前,还是当机立断呢?让我们来借助一下榜样的力量吧!有一句是:"大胆天下去得,小心寸步难行。"

司马光小时候,和一群小朋友在庭院里玩耍,捉迷藏。有一个小朋友爬到水缸沿上玩耍,一不小心,掉进缸里,缸大水深,眼看那孩子快要没命了。其他的小朋友们都惊慌失措,有的吓得大哭,有的呆呆地站在原地,不知道该怎么办才好。就在这危急时刻,司马光却没有慌乱,他迅速环顾四周,看到旁边有一块大石头,于是当机立断,抱起大石头用力向水缸砸去。水缸被砸破了,水从破口处流了出来,掉进水缸里的小朋友也因此得救了。

在其他孩子都不知所措的时候,司马光能够迅速判断形势,抓住关键问题，果断采取行动，用最快的速度解决了危机，拯救了小伙伴的生命，展现出了远超同龄人的冷静和果断。

下面再来看项羽的故事。

巨鹿之战时，项羽率领楚军渡过漳水后，下令把渡河的船凿穿沉入河里，把做饭用的锅砸个粉碎，表示有进无退、一定要夺取胜利的决心。楚军的将士们看到主帅如此坚决，士气大振。在随后的战斗中，楚军个个奋勇当先，以一当十，向秦军发起了猛烈的攻击。秦军虽然人数众多，但在楚军的勇猛攻击下，逐渐陷入混乱。最终，项羽带领楚军成功击败秦军，解了巨鹿之围，各路诸侯军纷纷归附。

项羽在面对强大的秦军时，没有丝毫的畏惧和犹豫，而是果断地采取了破釜沉舟的极端措施，断绝了楚军的后路，激发了将士们的斗志和勇气。这种当机立断的决策不仅体现了项羽的果敢和决心，更是一种置之死地而后生的战略智慧，为楚军赢得了胜利的机会。

在工作中，面对各种复杂的业务问题和紧急情况，如项目进度延误、客户投诉、突发的技术故障等，需要当机立断地采取措施，制订解决方案，以确保工作顺利进行和公司利益不受损失。

在日常生活中，也经常会遇到需要当机立断的情况，如选择职业、购买房产、处理家庭纠纷等。在这些情况下，犹豫不决可能会导致机会的丧失或问题的恶化，而当机立断则可以帮助我们更好地把握生活的方向，解决问题，提高生活质量。

二、孤根易拔

一个人的力量是有限的。普通人想在工作上有成绩、有进展，想在生活上解决困难和问题，常常需要借助别人的力量；领导者想维护和扩大权力，想成就大事，更是需要与尽可能多的人合作，形成合力。否则，可能一败涂地，赔了夫人又折兵。

春秋时期鲁昭公的遭遇就是一个鲜活的案例。那时候，诸侯的势力不断衰弱，卿大夫的势力不断增强，可与诸侯分庭抗礼。在鲁国，大权实际就掌握在季孙氏、叔孙氏、孟孙氏三家手里，其中以季孙氏的势力最强大。鲁昭公被架空，成了摆设，心有不甘。渐渐地，他与季孙氏的矛盾越来越尖锐，于是就萌生了除掉季孙氏的念头。鲁昭公二十五年（公元前517年），臧氏和郈氏两家贵族和季孙氏爆发冲突，鲁昭公抓住时机，联合这两家讨伐季孙氏，攻入季孙氏宅邸中。季孙氏当家人季平子躲到高台上乞降,他请求道:"主公啊,您因为听信谗言,还没有调查清楚臣的罪过,就来诛伐我,既然这样,就恳请您允许我离开都城,迁到沂水边上去吧。"但鲁昭公不允许。接着,季平子退一步,请求将自己流放到鄪邑,鲁昭公也不允许。后来,季平子又退一步,请求准他带五辆车流亡外国,鲁昭公还是不允许。

这时,鲁昭公的大臣子家驹规劝道:"主公,您还是允许他吧!季孙氏已经掌握实权多年,党羽和同伙极多。如果将他们逼入死角,不留余地,他们将合起伙来对付您。"但鲁昭公不听。郈氏的郈昭伯煽风点火,鼓动鲁昭公一定要除掉季平子。

叔孙氏的家臣戾听到了消息,问他的徒众:"没有季孙氏和有季孙氏,哪种情况对我们家有利?"

徒众都说:"没有了季孙氏,叔孙氏也完了。"

戾一听,当机立断:"走,去救季孙氏!"

他率众突袭,打了鲁昭公一个措手不及。孟孙氏的孟懿子听说叔孙氏获胜了,急忙来趁火打劫。他与郈昭伯本来就有仇,正好借机擒住了他。然后,季孙氏、叔孙氏、孟孙氏三家联手,共同攻伐鲁昭公,鲁昭公只能逃奔齐国。

到了齐国后,齐景公问鲁昭公:"您为什么这么年轻(鲁昭公当时四十四岁)就早早失掉了自己的国家呢?怎么就到这步田地了呢?"

鲁昭公回答说:"我年轻时,有很多大臣效忠我,而我却傲慢无礼,疏远了他们;有很多大臣劝谏我,而我却嫌忠言逆耳,没有采纳他们的意见。因此，到后来，朝堂内外都没有人辅佐我了，阿谀奉承我的人却很多。我就好比秋天的蓬草，地面之上枝繁叶茂，地面之下却只是孤孤单单一条根。秋天一到，大风一吹，根就被拔出来了。"

齐景公认为鲁昭公的话很有道理，就把这话告诉了丞相晏子，并问道："假如让他返回鲁国，他难道不会成为像古代圣贤君主那样的国君吗？"

晏子回答说："主公千万不要听了他的几句事后明白话，就误以为他真有贤德。愚蠢的人总好悔恨，失德的人总爱展现自己的贤德。您看鲁昭公这么多年来的行事，就像涉水的人被淹到脖子了，才问哪里水浅；行路的人迷路了，才想起问路；敌人打到家门口了，才急急忙忙去铸造兵器；吃饭噎着了，才慌慌张张去挖井。这时候行事再快，说得再明白，也来不及了。"

最终，鲁昭公在异国流亡多年，客死他乡。

晏子不愧是睿智的政治家和哲学家，他没有被鲁昭公的事后聪明蒙蔽，而是看清了他失败的根本原因，用生动贴切的比喻总结了他的教训，为后人留下了千古明鉴。众人拾柴火焰高，孤掌难鸣，孤根易拔，这是教训，也是应该铭记的人生智慧。

三、危机管理

企业在面临各种危机和挑战时,如经济危机、产品质量问题、公关危机等,如果迅速制订出有效的应对策略,便能减少损失、化解危机,维护企业的声誉和形象。

以下是一些古代危机管理的故事,可以给我们带来一些启发。

春秋时期,秦国欲偷袭郑国。秦国军队悄悄向郑国进发,而郑国对此毫不知情,形势十分危急。郑国商人弦高在贩牛途中恰好遇到秦军。他急中生智,冒充郑国使者,带着自己的牛群去犒劳秦军。他对秦军将领说:"我们国君听说你们要路过郑国,特命我来犒劳你们。"秦军将领一听,以为郑国已经知道了他们的偷袭计划,并且做好了准备,于是不敢再继续前进,只好撤军。

弦高在关键时刻利用自己的身份和手中的资源巧妙化解郑国的危机，展现了个人智慧和对国家的忠诚，同时也说明在危机面前，及时采取有效的应对措施可以避免更大的损失。

战国时期，燕国名将乐毅率领燕军攻打齐国，齐国大片土地沦陷，只剩下莒城和即墨两座孤城，齐国面临着灭国的危机。即墨守将田单在坚守即墨的过程中，积极采取各种措施应对危机。他一方面组织城中军民进行抵抗，加强城防；另一方面，利用反间计使燕惠王对乐毅产生怀疑，并用骑劫代替乐毅为将。之后，田单又用火牛阵大破燕军。燕军大乱，田单趁机率领齐军出击，收复了齐国的大片失地，最终成功复国。

田单在国家危亡之际，巧妙地运用谋略和战术，通过一系列措施逐步扭转战局，体现了卓越的领导能力和危机管理能力，同时也说明在危机中要善于利用各种机会和资源，采取灵活多样的策略来化解危机。

东汉末年，曹操率领军队讨伐张绣。时值盛夏，天气酷热，军队在行军途中水源短缺，士兵们口渴难耐，军心开始动摇，行军速度也逐渐减慢，曹操面临着军队可能因缺水而哗变的危机。

曹操深知此时如果不能尽快解决士兵们的口渴问题，军队将陷入混乱。于是他灵机一动，马鞭向前一指，大声对士兵们说："前方有一大片梅林，树上结满了又大又酸的梅子，大家快赶路，到了那里就可以解渴了。"士兵们一听，口中生津，顿时觉得不那么渴了，行军速度也加快了。最终，曹操的军队顺利找到了水源。

曹操在面临军队缺水的危机时，巧妙运用心理暗示的方法稳定了军心，缓解了士兵们的口渴感，使军队能够继续前进，避免了可能出现的哗变危机。在危机管理中，领导者要善于运用各种方法稳定人心，激发团队的斗志和信心，以克服困难。

三国时期，诸葛亮派马谡驻守街亭，马谡违背诸葛亮的部署，导致街亭失守。魏军乘胜追击，直逼诸葛亮所在的西城。此时西城兵力空虚，只有一些老弱残兵，形势万分危急。

诸葛亮深知硬拼肯定无法抵挡魏军，于是他决定冒险一试。他命令城中士兵全部隐藏起来，大开城门，自己则登上城楼，悠然自得地焚香弹琴。魏军将领司马懿率军来到城下，看到这种情形，怀疑城中有埋伏，不敢贸然进城，最终率军撤退。

诸葛亮在危机时刻保持镇定，利用司马懿的多疑心理，巧妙地制造出一种假象，成功化解了危机。在危机管理中，准确把握对手的心理和灵活运用策略非常重要，同时也需要有非凡的勇气和镇定自若的心态。

四、把握机遇

每个人都想把握机遇，实现自己的理想，但能够抓住机遇的人，都是提前做好准备的人，也是有勇气、决心，敢于面对风险的人。

下面看看古代抓住机遇的故事，我们也能从中得到一些启示。

战国时期，秦军围攻赵国都城邯郸，平原君赵胜奉命到楚国求救。他打算挑选二十名门客一同前往，可挑来挑去只挑到十九人。这时，门客毛遂主动站出来，请求一同前往。平原君一开始并不看好毛遂，但在毛遂的极力自荐下，还是勉强答应了。到了楚国，楚王一开始犹豫不决，不想出兵救赵。毛遂见状，手按宝剑，挺身而出，慷慨激昂地陈述利害，最终说服楚王出兵，解了邯郸之围。

毛遂在关键时刻敢于自荐，抓住了展示自己才能的机遇，从而脱颖而出，成就了一番事业。因此，在面对机遇时，要勇敢地主动出击，不能犹豫不决，要相信自己的能力，积极争取，才能在竞争中获得成功。

《三国演义》中"草船借箭"的故事，也是把握机遇的典型例子。周瑜妒忌诸葛亮的才干，故意刁难他，让他在十天内造十万支箭。诸葛亮一眼识破这是一条害人之计，却淡定表示"只需要三天"。

前两天，诸葛亮按兵不动，暗中叫鲁肃备大船二十条，船两边扎上草人。第三天四更时分，江上大雾弥漫，诸葛亮下令将船尾朝东，一字摆开，逼近曹军水寨。他和鲁肃在船中饮酒取乐，让士兵擂鼓呐喊。曹操以为敌军来袭，又因雾大怕中埋伏，不敢轻易出兵，只好派弓弩手朝江中放箭。箭纷纷射在草人上，等船的一边插满了箭，诸葛亮又下令把船掉过来，继续受箭。最终，诸葛亮不费吹灰之力就"借"到了十万支箭。

诸葛亮善于观察天象，准确地把握了江上大雾的机遇，巧妙地利用了曹操多疑的性格，成功完成了看似不可能完成的任务。在面对困难和挑战时，要善于观察和分析形势，抓住有利的时机，运用智慧和策略，化被动为主动，从而实现自己的目标。

下面再看几个因未把握机遇而失败的故事，同样能给我们带来一些启示。

秦末，刘邦率先攻入关中，占领咸阳，项羽在巨鹿之战后也向关中进发。刘邦的左司马曹无伤派人向项羽告密，说刘邦打算在关中称王。项羽大怒，决定次日攻打刘邦。刘邦得知后，通过张良拉拢项羽的族叔项伯，项伯答应为刘邦说情，并让刘邦次日前来项羽处道歉。

第二天，刘邦来到鸿门向项羽谢罪，项羽设宴招待刘邦，宴席上，项羽亚父范增多次示意项羽杀掉刘邦，但项羽犹豫不决，默然不应。范增又召项庄舞剑，想趁机杀掉刘邦，项伯却拔剑起舞掩护刘邦。最后，刘邦借口上厕所，在樊哙等人的护卫下逃离鸿门宴。

之后刘邦势力逐渐壮大，项羽在楚汉相争中逐渐处于劣势，最终兵败自刎。

项羽在鸿门宴上本有绝佳的机会除掉刘邦，以绝后患，但他的犹豫不决以及对刘邦的轻视，使他错过了这个关键的机会，最后在垓下之战中被围困，四面楚歌，自刎而死。因此，面对关键决策时，要果断行事，不能被情感和犹豫所左右，以免错失良机。

东汉末年，袁绍占据冀州、青州、幽州、并州等地，实力强大。曹操则控制了兖州、豫州、徐州等地，势力也不容小觑。在官渡之战前，袁绍的谋士田丰建议他趁曹操攻打刘备之机，出兵袭击曹操后方，但袁绍以幼子生病为由拒绝了。后来，曹操打败刘备，回师官渡。袁绍这才率领大军南下，与曹操对峙。

在战争过程中，袁绍内部矛盾重重，谋士之间互相争斗，他又优柔寡断，多次错过打败曹操的机会。许攸曾建议袁绍派轻骑偷袭曹操的粮草大营，但袁绍不听，许攸一气之下投奔曹操。曹操采用许攸的计策，夜袭乌巢，烧毁了袁绍的粮草辎重，大破袁绍十万大军，为统一北方奠定了坚实的基础。

袁绍因优柔寡断、管理不善以及不能正确采纳谋士的建议等原因，错过了多次可以战胜曹操的机遇，最终导致战争的失败。领导者在面对复杂的局势时，要善于倾听他人的意见，果断决策，抓住机遇，同时要协调好内部关系，避免内耗。

五、善用智囊

智慧从何而来？古往今来，拥有智慧的人基本有两大共同点——勤于学习，善于思考。古典文学作品中，常常形容这种足智多谋的人总是在危急关头"眉头一皱，计上心来"，好像有装满了智慧的锦囊随身携带，里面装满化险为夷的妙计。于是乎，称这种智者为"智囊"。在中国古代，秦惠王的弟弟樗里子、西汉的晁错、东汉的鲁丕、三国时的桓范、唐朝的王德俭等，都曾被誉为"智囊"。大家熟悉的诸葛亮，虽然没有"智囊"的称号，但大家都夸赞他是"智圣"。

以下是古代善用智囊的故事。

秦王嬴政想吞并六国，便广招宾客游士，扩充自己的智囊团。楚国人李斯专门研究帝王的统治之术。他去秦国投靠嬴政，受到重用，先当长史、客卿，后来被提拔为廷尉、丞相。他向嬴政建议：以农为本，统一法令，废除私学，统一文字，强兵备战。同时，在强化帝王的权威方面，也提出了许多具体建议，对秦朝封建大帝国的建立，有奠基之功。

东汉末年，刘备三顾茅庐，迎请隐居湖北卧龙岗的诸葛亮出山，给自己当军师。诸葛亮辅佐刘备夺取西川，建立了蜀汉政权。进而联合东吴，共同抵御曹魏的南扩，最终形成了三国鼎立的局面。

宋朝开国辅臣赵普爱读书，但不求读得多，而是注重读得很精，同时也很重视应用，理论联系实际。他反复研读儒家经典《论语》，灵活运用儒家的基本立场、观点和方法，为太祖赵匡胤、太宗赵光义出谋划策，出任两朝丞相。他曾自豪地说："我用半部《论语》辅助太祖打天下，又用半部《论语》辅助太宗致太平。"

汉高祖刘邦，出身农民家庭，当过亭长。在秦末群雄角逐的大潮中，他善用人才，逐渐发展壮大了起来。

刘邦采纳张良的建议，首先夺取陕西关中，进入秦都咸阳，谋臣萧何马上接收了秦朝中央政府的档案文件和图书资料，从而掌握了天下军事、行政和经济的基本情况，为以后汉朝政权统一全国创造了条件。但是，这时候的刘邦，被华丽的宫室、美貌的宫女、无数的珍宝迷惑，打算停下征战的步伐来享乐。樊哙冲着刘邦直言不讳地说："您想拥有天下还是当个财主？秦朝就是因为这些才灭亡的！"

刘邦听了，很不高兴。张良劝解道："秦二世正是因为享乐腐化而丧失民心。我们起兵是要除暴安民，现在天下未定，应该节俭。主公，良药苦口利于病，忠言逆耳利于行，樊哙说的有道理。"

刘邦听了，心悦诚服。于是，封闭了宫室，命令兵卒退出都城，并向老百姓约法三章，严明法纪，恢复了社会秩序。

在与项羽争霸的过程中，刘邦的军事力量长期处于劣势，项羽封刘邦为汉中王，这让刘邦十分恼怒。因为最初各路起义军约定，谁先进入关中谁为关中王。刘邦咽不下这口气，摩拳擦掌，要与项羽决一死战，周勃和萧何劝说道："主公，我们要正确估计我方的力量，现在不是决战的时候，小不忍则乱大谋，忍耐一下，接受分封吧。我们到汉中去，争取民众，招纳贤才，以汉中为基地，占据肥沃富饶的巴蜀，积蓄物力，等时机成熟再反攻也不迟。"

刘邦接受了他们的建议，去当了汉中王，并烧毁了沿途栈道，表示不再出来，以麻痹项羽。刘邦就是这样凭借自己和这些人才的智慧，最后打败项羽，建立了大汉王朝。

打败敌人需要智谋，在处理内部矛盾上何尝不是如此？

大将韩信攻下齐国故地，居功自傲，派使者要刘邦封他为"假齐王"。刘邦一听，火冒三丈，刚要发作，旁边的张良和陈平连忙阻止,在他耳边低声说了几句。刘邦听罢,火气全消,轻松地说:"做什么假齐王,大丈夫,要做就做真的!"

说罢,当即指派张良代表自己,去加封韩信为齐王。原来,张良和陈平说的是:"大王这时候不能与韩信闹翻,要集中一切力量先打败项羽。"

这一招,避免了汉军的分裂。

在实际斗争中,刘邦体会到正确谋略的重要性,改变了对文人谋士的态度。大汉开国后列封功臣,刘邦把萧何列为首位,武将们不服气,说:"我们身经百战,九死一生,哪个不是一身箭伤刀痕,读书人只会说几句空话,凭什么列居高位!"

刘邦解释道:"你们不都喜欢打猎吗?打仗如打猎,追逐野兔的是猎狗,指挥猎狗的是人。萧何是帮你们指挥猎狗的人啊!"

朱元璋的出身也很低微,当过放牛娃,还当过小沙弥。元朝末年,天下大乱,他加入起义队伍,凭借自己的实力,逐步成为领袖之一。

朱元璋十分注意笼络文人谋士。冯国用来投靠,向他建议:第一,不能总带着队伍像流寇一样流动作战,可以去夺取龙盘虎踞的南京,建立自己的根据地;第二,不要贪图美女和财宝,要多做好事,争取民心。朱元璋采纳了冯国用的建议。不久,李善长也来投靠,鼓励朱元璋说:"汉高祖刘邦家乡在沛县,离您的家乡凤阳不远吧?他和您一样,都是农民家庭出身,白手起家。刘邦能建立大汉,将军您也一定能一统天下!"

从此，朱元璋就把刘邦立为心中的榜样。他任命李善长为掌书记（相当于秘书长）。后来陆续招纳了更多谋士，给予优厚待遇，专门建立了"礼贤馆"。

朱元璋的智囊团人才济济，他们提出许多谋略。其中，老儒朱升的区区九个字最重要：高筑墙，广积粮，缓称王。

朱升献策时，朱元璋刚刚攻取南京，实力还弱，地盘也不大，在起义军各路兵马中，并不算突出。但因为打了胜仗，气势高涨，有人心浮气躁，鼓动朱元璋大张旗鼓地东讨西伐，夺取地盘。朱升有针对性地提出"高筑墙"，加强自身的防御，以免被人吞掉；"广积粮"，注意增收节支，积蓄战备力量；"缓称王"，过早称王称霸，容易成为众矢之的。朱元璋用这九个字作为战略的指导思想，赢得了最后的胜利，建立了大明王朝。

这些历史事实说明，作为领导者，善于组建自己的智囊团，乐于听取智囊团的谋略计策，是取得成功的重要保障。在现代社会，管理者应以史为鉴，善于集思广益，善于博采众长，提升整体管理水平。这是管理上的大智慧！

六、选贤任能

企业在选拔人才时，不能仅仅关注专业技能，还要重视品德和职业道德。一个有能力但品德不佳的人可能会给企业带来潜在风险，如泄露机密、损害团队合作等。而品德高尚的人往往更能赢得同事和客户的信任，有利于企业长期稳定发展。

除了现有的能力和经验，要善于发现有潜力和创新能力的人才。具有创新思维的员工能够为企业带来新的理念、方法和产品，帮助企业在激烈的市场竞争中脱颖而出。

春秋时期，诸侯割据，四处招募贤才。齐桓公任用管仲，首先成就霸业。晋文公任用狐偃、楚庄王任用孙叔敖，两国也都强盛起来，晋霸北方，楚霸南方，相互征伐多年，各有胜负。同时，秦公任用孟明，开地千里，独霸西方。东南方的吴王任用伍子胥、孙武等贤才，国力日益强盛，直捣楚国都城。越王勾践卧薪尝胆，任用范蠡，发愤图强，打败了吴国，一时号称霸主。

战国时期吴起是一个很有才干的政治家，先在魏国同李里一起协助魏文侯改革，后来遭到排挤，投奔楚国。当时，楚悼王正下令求贤，招揽人才，于是任用吴起。在人事上，吴起主张选用贤能，触犯了那些庸庸碌碌而又养尊处优的贵族，变法遭到扼杀。战国末期，楚国政治更加腐败，屈原这样的忠臣也遭到了排斥和放逐。楚王摒弃贤才，正如屈原批判的那样："鸾鸟凤皇，日以远兮。燕雀乌鹊，巢堂坛兮。露申辛夷，死林薄兮。腥臊并御，芳不得薄兮。"意思是说：神鸟和凤凰，渐渐远去，燕雀、乌鸦却在庙堂之上筑起巢来。香美的露申、辛夷，死在草木交错的丛林。腥臊恶臭的气味到处都是，芳香美好的花草却被摒弃。这样的国家，想不灭亡都难。而这个时期，大量的人才流向秦国，商鞅、李斯、张仪等先后得到重用，各尽其才，秦国迅速崛起，灭掉六国，统一了天下。

刘邦很熟悉"五霸"与"七雄"的兴衰史。他在打天下时，十分重视搜罗人才，众多贤臣良将纷纷脱离项羽，投到他的麾下，削弱了项羽的势力，壮大了自己阵营。公元前196年，汉高祖刘邦向天下颁布《求贤诏》。诏书指出，自古以来，要成就大事业，没有贤才的辅佐是不能成功的。周文王、齐桓公的成功，都是因为重视人才。大汉之所以夺得天下，一是因为运气好，上天护佑；二是因为得到了贤才的辅助，共同努力。现在天下已定，希望全国的贤人能士继续辅佐大汉，像之前打天下一样来治理天下。大汉皇帝一定尊重厚待贤才。

汉武帝也下过《求贤诏》，他认为凡是熟悉"当世之务"、深谙"先圣学问"的人都可以选用。唐太宗有一次去科考的考场巡视，看见考生们鱼贯入场的情景，欣慰地说："天下英雄，全都汇集到我手下了。"

选举贤才的重要意义，明太祖朱元璋认识得比较深刻，他在《求贤诏》中说："为天下者，譬如作大厦，大厦非一木所成，必聚材而后成；天下非一人独理，必选贤而后治。故为国得宝，不如荐贤。"朱元璋以刘邦为榜样，在元末战争中，就留心选拔贤才，信任他们，尊重他们，还特别设立了"礼贤馆"。明朝建立后，朱元璋更是广招贤才，只要有一技之长，都选录任用。他多次颁发敕令，要求凡是进京朝见皇帝的地方官，都必须推荐贤才，至少一人，否则不准离京回去。他说："凡是一善可称，一才可录者，皆具实以闻，朕将随其才擢用之。"

当然，贤人也不是完人。选贤者要宽宏大度，要看大局，着眼长远，不能以偏概全。

管仲曾与齐桓公为敌，他射出的利箭射中过齐桓公的带钩，但齐桓公不记仇，任命他为相，共图霸业。曹操主张"唯才是用"，不论出身、贫富、贵贱，只要有才就提拔重用。他多次下求贤令，招纳四方英杰，包括敌人营垒中的人物。曹操手下人才济济，谋士有郭嘉、荀彧、荀攸等，武将有李典、张辽、徐晃、乐进等，史书上赞誉为"猛将如云，谋士如雨"，势力十分强大，而这些人才来自各个阶层。唐太宗不仅广招贤才，而且多次原谅触怒他的贤臣良将。唐太宗说："君主必须至公无私，才能使天下人心服。应当选用贤才，不应该按关系的亲疏、资格的深浅来决定官职的高低；选贤不能粗率，选择一个贤人，别的贤人会跟着来；择一个坏人，别的坏人会跟着来，这是必须警惕的。用人如用器，各有所长。所谓的贤才奇士是活生生的人，而不是从古代或书上找来的偶像。"朱元璋则指出："不是天下没有贤才，而是没有发现他们的人；有的人才被推荐后也没有用对地方，这种危害很大，是一种浪费。"

古代的故事带给我们很多启示，比如，善于人才的发现潜力；用人之长，容人之短；给予充分的权力；建立信任关系等。企业在组建团队时，也应根据员工的专业技能、性格特点等进行合理搭配，使团队成员之间能够优势互补，发挥出团队的最大效能。同时要营造良好的团队合作氛围，鼓励员工之间相互沟通、相互支持、相互学习，避免内部争斗和恶性竞争，打造团结和谐、积极向上的工作环境。

七、用人不疑

我国有句特别充满辩证逻辑的老话:"疑人不用,用人不疑。"这句话大概意思就是:信不过的人就不要任用;一旦任用,就要充分信任,大胆使用,让他能放开手脚干事。这句话,作为传统的用人智慧被长期奉行。

章武三年(公元 223 年)春季的一天,在白帝城,刘备已经病入膏肓,他躺在病榻上安排着自己的后事。当然,这也是整个蜀国的后事。刘备握着丞相诸葛亮的手,语重心长地说:"你的才能是曹丕的十倍,我相信你一定可以安定蜀国,最终成就恢复汉室的大业。如果我的儿子刘禅配当皇帝,有能力统治国家,你就辅佐他。如果刘禅没有这样的资格和才能,你就自己取而代之吧!"诸葛亮流着泪立下誓言:"臣一定倾尽全力,尽忠报效,到死为止!"刘备听后,又给刘禅留下遗诏,叮嘱他:"你跟随丞相干事业,就要像对待父亲一样对待他。"

后面的故事,大家应该都知道。诸葛亮虽然辛苦一生,非常遗憾地没能恢复汉室,但他保全了蜀国,信守了尽忠报效的诺言,"鞠躬尽瘁、死而后已",成为千古名臣。这一方面验证了他的高尚人品,另一方面,也可以说,是刘备"疑人不用,用人不疑"的结果。刘备和诸葛亮这对君臣,共同书写了"信"与"忠"相辉映的历史佳话!

同样是三国时期的历史人物,曹操则以多疑著称,世称"奸雄"。因为多疑,他干出不少错事,比如"误杀"父亲老友吕伯奢全家,"梦杀"侍从。但在任用人才上,生性多疑的曹操非常善于用人,他坚持"唯才是举",只要有能耐,都会不拘一格大胆任用。曹操十分清楚"争天下必先争人",也深谙"疑人不用,用人不疑"的道理。他这种灵活的用人哲学,在对待投降武将和谋士的态度上表现尤其突出,这样的例子不胜枚举。

官渡之战中,当许攸脱离袁绍投靠曹操时,曹军粮草已经不足了,早已心生退意。许攸献出妙计,火烧乌巢,曹操毫不迟疑,果断采信,抓住时机,转败为胜。这一战成为古今战史上以少胜多的战例典范,奠定了曹操北方霸主的地位,为三足鼎立的大局势画下定格。

最初起家的时候,曹操靠的主要是宗族势力,比如夏侯惇、夏侯渊、曹仁、曹洪等。但是,后来随着势力的不断壮大,曹氏集团中的中坚力量逐步演变,大部分都是降将,比如张辽,原来是吕布的部下;徐晃,原来是杨奉的部下;臧霸本是陶谦的旧将,后降吕布,又降曹操,官渡之战时曹操居然把青、徐二州交给他,如此大任交给名不见经传的降将,曹操之敢于信人用人,可见一斑;张绣曾是杀害曹操长子曹昂、爱将典韦的死敌,投降后照样得到重用;给张绣出谋划策的贾诩最后居然做了尚书令。曹操手下两大天才谋士荀彧和郭嘉,原本都是袁绍的人,备受礼遇,风光一时。归顺之后,曹操不仅真心欣赏他们的才华,而且从来不把疑心用到他们头上。两位谋士每出奇计,曹操都依计而行。结果,屡战屡胜,实力大增。

商场如战场,接下来,看一个商场上"疑人不用,用人不疑"的案例。

清朝末年,杭州有一家知名药店叫胡庆余堂,创办人就是号称"红顶商人"的胡雪岩。有一年,胡庆余堂新招了几位伙计,其中一位姓李的表现特别出色,他头脑灵活,手脚麻利。后来,去做药材采购工作,他善于交际,工作十分出色,连采购总管都认为他是个值得重点培养的好苗子。

但是,俗话说得好,"人红是非多"。过了段时间,店铺里开始流传一个小道消息,说是前几年这个姓李的伙计因为盗窃坐过牢。消息一传出,大家立马对他另眼相看,采购总管也不那么器重他了,一些高价药材的采购根本不让他插手。

一天，胡庆余堂急需一批重要的药材，需要派人带着货款到上家那里采购，当场一手交钱、一手验货收货。这个人首先要善于辨识药材的真伪优劣，其次要善于讨价还价，更要诚实可信，可不能把货款和药材一起卷跑了。所以，任务十分艰巨。恰巧这个时候，采购总管生了急病，卧床不起。同时，店里人手也不足。店铺掌柜犯难了，不知道派谁去好……

大老板胡雪岩知道了这件事，告诉掌柜的："将那人带过来我见见。"

胡雪岩见到姓李的伙计之后，一不问他出身来历，二不问他讨价还价技巧，只是问他来了胡庆余堂几个月，都学了些什么？

姓李的伙计答："学的最多的就是各种药材的功效、特征，还有辨识真伪优劣的技巧。"

胡雪岩对他的回答很满意，接下来，就详细考问了几种药材。姓李的伙计对答如流，准确无误。胡雪岩放心地点点头，对掌柜说："没问题，派他去吧！"

姓李的伙计带着货款走后，掌柜还是不放心，提醒胡雪岩，这可是个有前科的人。而胡雪岩淡淡一笑，说："用人不疑，疑人不用，既然他进了胡庆余堂，而且用心学艺，就不必担心太多。该用人就要大胆用，这人说不定真是块材料。"

果然，姓李的伙计不负众望，以优惠的价格顺利采购了优质药材。从此，再没有人怀疑他的能力和人品。后来，在胡雪岩的栽培下，他成长为胡庆余堂的一根顶梁柱。

某世界五百强企业董事长把公司管理的最高原则概括成一句话:"管得少"就是"管得好"。这是对下属的充分放权,给予他们最大的信任和支持。辩证地说,这就是做到了最大限度地"疑人不用,用人不疑"。由此可见,只有真正做到"疑人不用,用人不疑",才能开创人尽其才、才尽其用的良好局面,事业才能打开大格局。

八、运筹帷幄

战国时，出现了一位神乎其神的人物叫鬼谷子。鬼谷子，本名王诩，别名王禅，生卒年不详，楚国人。著名谋略家、纵横家的鼻祖，兵法集大成者。相传他精通百家学问，常年隐居在云梦山一条叫鬼谷的幽静山谷里，于是自称鬼谷先生，后世尊称他为"鬼谷子"。他深谙自然之规律，天道之奥妙，精通兵法谋略，被一些人尊为"谋圣"。鬼谷子虽然隐于世外，却视天下如棋局。他的主要著作有《鬼谷子》《本经阴符七术》等，前者被誉为"智慧禁果，旷世奇书"。鬼谷子也曾像孔子一样收徒，他的弟子可能没有孔子多，但以苏秦、张仪、孙膑和庞涓为代表的几位杰出弟子出将入相，左右列国存亡，影响了历史的走向。下面就来认识一下这所谓的"鬼谷四友"。

苏秦是战国时的纵横家。纵横家兴于战国后期。当时称纵横之说为"长短说",是指纵横之士从不同角度,用不同观点去说服对方的一种游说方法。那时,秦国强而六国弱的大趋势已成定局,所以,凡是联合关东各国抗秦者即为合纵,而秦国设法破坏合纵就是连横。《史记》《战国策》等书对苏秦的事迹都有明确记载。《史记》说苏秦是东周洛阳人,到齐国拜鬼谷先生为师,学有所成后,花了好几年时间周游列国,推销自己,但一无所获,遭到家人的嫌弃。于是,他发愤苦读,丰富自己,再次宦游。他先去游说周显王、秦惠王和赵肃侯,但都没有获得成功。接着,苏秦又去拜见燕文侯。文侯接受了他的合纵主张,并资助他去游说其他列国。

最终,六大列国经过他的游说联合起来,苏秦成为纵约长。后来,苏秦得罪了燕易王,只好流亡到齐国,受到齐愍王的重用。但是,苏秦仍忠于燕国,暗中为其效劳。他所采取的策略是鼓动齐愍王攻打宋国,来转移齐国对燕国施加的巨大压力。于是,燕昭王乘机派大将乐毅攻打齐国。齐国措手不及,败给了燕国。苏秦的阴谋败露,齐愍王盛怒之下将他处以车裂之刑,这在战国晚期是轰动一时的大事件。

张仪也是战国时期的纵横家。他是魏人,魏惠王时到了秦国。秦惠文王聘请他为客卿。惠文王十年,张仪、公子华率领秦军攻打魏国,魏国割让上郡(今陕西省东部)给秦国。这一年,张仪当上了秦国宰相。

此后,张仪开始了他走马灯式的宰相生涯。惠文王更元二年，张仪与齐、楚、魏三国的执政大臣举行会谈，引起秦王猜忌，随即被罢免。此处不任相，自有任相处。第二年，张仪摇身一变，成了魏国宰相。更元八年，张仪回归秦国，再登相位。四年后，张仪再次与秦惠文王闹翻，跑去楚国当了宰相。他与秦惠文王的关系真可谓剪不断理还乱，后来又回归秦国。秦惠文王驾崩后秦武王继位，秦武王向来与张仪有矛盾。张仪见势不妙，在武王元年离开秦国，去了魏国。据《竹书纪年》记载，他于这年五月在魏国去世。张仪在当时名满天下，是能左右天下局势的大人物。可惜的是，张仪的著作都失传了。

庞涓是战国中期魏国人，年轻的时候，与孙膑一起拜鬼谷子为师，学习兵法。学成后出任魏国大将军。庞涓妒贤嫉能，把孙膑诱骗到魏国进行陷害，导致孙膑双腿残疾。此后，孙膑与庞涓展开了二十多年的恩怨相斗。公元前354年，庞涓率大军包围赵国都城邯郸。赵国向齐国求救。孙膑巧施"围魏救赵"的妙计，大败庞涓。十多年后，庞涓又率魏军进攻韩国，韩国也向齐国求援。齐国仍用孙膑出兵救韩。结果，庞涓兵败自杀。从此，魏国实力大大削弱，齐国强大起来。

孙膑是战国中期的军事家，传说是兵圣孙武的后代。前面已经提及，庞涓将孙膑骗到魏国陷害，孙膑遭受膑刑（割去膝盖骨），孙膑装疯卖傻，在齐使者的秘密协助下，逃出魏国投奔齐国，经将军田忌举荐，被齐威王重用，成为军师，为齐国成为七雄之一立下汗马功劳。在齐、魏争雄具有决定意义的桂陵之战和马陵之战中，孙膑指挥齐军两次击败魏军，迫使庞涓自杀。他在作战中运用避实击虚、攻其必救的原则，成为古今兵家的楷模。

孙膑及其弟子编撰的《孙膑兵法》继承了孙武的军事思想，总结战国中期以前的战争经验，具有鲜明的时代特色，给后世留下了宝贵的军事智慧。这本兵书古称《齐孙子》，很早就有著录，《汉书·艺文志》记载："《齐孙子》八十九篇，图四卷。"但是，汉代以后，这本兵书就失传了，到隋朝已经看不到著录的记载。但幸运的是，1972年4月，考古工作者在山东省临沂市银雀山汉墓发掘出土了一批极其珍贵的记述孙膑论兵的竹简。虽经文物部门大力整理，已不能完全恢复原貌。但可以看出，内容应是孙膑及其弟子的著述，继承了《孙子兵法》等书的军事思想，总结了战国中期及其以前的战争经验，在战争观、军队建设和作战指导上都提出了有价值的观点和原则，是我国古代军事智慧的珍宝。

"鬼谷四友"都是历史上有名的出类拔萃的智谋之士。不过，要是说到智慧，当之无愧的智者，恐怕就是孙膑了。因为苏秦、张仪和庞涓所掌握和运用的，与其说是"智慧"，倒不如说是"阴谋诡计"。我们应该继承和发扬的，应该是孙膑式的"阳谋"，而非庞涓式的"阴谋"。下面，继续回顾历史，对这一阴一阳的角斗进行更深入的了解。

庞涓告别师傅鬼谷子后来带魏国，得到了魏惠王的赏识，当上了魏国的军师。后来，魏王听别人说，庞涓的同学孙膑是著名军事家孙武的后代，很有才能，便向庞涓问起他。于是，庞涓将计就计，顺水推舟举荐了孙膑，并写信请他速来魏国。孙膑到了魏国，魏王想拜他为副军师，庞涓却假惺惺地说，孙膑比自己有才能，怎么能自己当手下呀？魏王便先让孙膑当了个有位无权的客卿。孙膑这时还蒙在鼓里，衷心感激庞涓。其实，庞涓嫉妒孙膑的才能，就怕将来他超过自己。后来，庞涓找了个恰当时机，设了个诡计，让魏王误以为孙膑是齐国派来的奸细，欺骗魏国。魏王恼羞成怒，下令把孙膑的两块膝盖骨给剜了。表面上，庞涓还痛心疾首地照顾孙膑，请孙膑写出祖传的兵法。孙膑感谢庞涓对自己的照顾，便答应了他。后来，孙膑看穿了庞涓的诡计，就突然装起疯来。庞涓怀疑他是装疯，便派人把他扔到了猪圈里。孙膑披头散发，睡在粪堆里，一会儿哭一会儿笑，饭也不吃，抓起猪粪就往嘴里塞。庞涓一看，相信孙膑是真疯了，便放松了对他的看守。后来，齐威王知道了这个情况，便派人到魏国，偷偷把孙膑带回了齐国。

齐威王非常喜欢赌马，经常和贵族士大夫们比赛，赌注下得也很大。大夫田忌拥有几匹好马，可他和齐威王比赛总是输，弄得田忌都不敢下大注了。孙膑去观看了几次比赛后，便对田忌说："下次比赛，您听我安排，我保证您能赢，您到时就大胆下注吧！"

田忌听了，将信将疑，可他非常相信孙膑的智慧，觉得他不会信口开河。于是，田忌便去和齐威王约定赛马时间，并表示要下很大的赌注。齐威王素来很了解田忌的马匹的实力，便信心满满地答应了。到了比赛那天，孙膑告诉田忌："我仔细观察过了，比赛用的马大致可以分上、中、下三等，而在这三等上，您的马都比大王的马还略逊一筹。现在，请您听我的，这样来安排，用自己的下等马和大王的上等马比，用上等马和大王的中等马比，用中等马和大王的下等马比。这样，您会输一场，却能赢两场，最终还是您赢多负少。"

田忌就照着孙膑说的安排了。第一场比赛，田忌的马被齐威王的马甩了很远，齐威王赢了第一场，洋洋得意。可接下来的两场，田忌接连获胜。齐威王万万没想到，田忌竟然赢了自己，不服气地问他怎么做到的？田忌哪敢隐瞒，便如实地禀告了齐威王，齐威王听后，竖起大拇指，连连叹服，从此更器重孙膑了。

战国时，在赵国和魏国之间，曾经有个中山国，后来被周边的几个大国瓜分吞并了。这几个大国分赃不均，还发生了冲突。魏惠王便派他的大将庞涓去攻打赵国，包围了赵国的都城邯郸。赵成侯知道庞涓是鬼谷子的学生，很不好惹，就派使者向齐国求救，表示情愿把自己占领的中山国地盘作为礼物，馈赠给齐国，请齐威王出兵解围。齐威王便派田忌为大将，孙膑为军师，率兵去救赵国。出发前，孙膑向田忌献上一条计策："现在，魏国的大军已经包围了邯郸，赵国的将士不是庞涓的对手，我军就算赶到邯郸，恐怕为时已晚。我预料，魏国既然派大军去攻赵，国内必然已经空虚，而且并无防备。我军还不如出其不意，直接进军魏国,攻打襄陵。庞涓听到了消息,必定会回师来救,我军在半路伏击,魏军必败无疑。这样一来,邯郸自然就解围了。"

田忌采纳了孙膑的计策,下令进军攻魏。这时,邯郸方面果然敌不过庞涓的猛攻投降了,庞涓正准备向魏惠王报喜表功,没想到突然收到消息,齐国派田忌去攻打魏国的襄陵了!庞涓大惊失色,他怕万一襄陵失守,那魏都大梁失去门户,肯定就保不住了。于是,庞涓慌慌张张地下令撤兵,去救襄陵。孙膑派探子监视魏军,得知庞涓果然班师回国,就在桂陵设下伏兵,等魏军一进包围圈,伏兵四起,魏军长途跋涉,疲惫不堪,突遭伏击,立刻乱了阵脚,四处逃散,齐军大获全胜。

围魏救赵后过了十年,赵国为报邯郸之仇,联合韩国一同攻魏。魏惠王闻讯,拜庞涓为大将,率大军前去进攻韩国,瓦解赵韩联盟。韩昭侯见魏军来势凶猛,担心自己的军队抵挡不住。他知道庞涓曾经是孙膑的手下败将,便派使者到齐国求救。齐威王听取孙膑的意见,决定救韩国,仍然派田忌为大将,孙膑为军师。孙膑故技重施,建议田忌不必去韩国,而是直接去攻打魏国的都城大梁,这就叫"攻其必救"。

庞涓在韩国激战正酣,忽然听说齐军又去攻打本国,勃然大怒,急忙收兵回师救魏。孙膑得知消息后,便向田忌献计道:"庞涓心急如火,我们正可利用这一点。而且,魏军素以'骄兵'闻名,从不把别国军队放在眼里。我军可以因势利导,假装软弱,把魏军引入我们的圈套。将军您可以这样做,先下令撤离魏国。

撤退时，第一天挖十万人用的灶坑，第二天就减到五万，以后依次递减。庞涓回来后，肯定会检查我军留下的灶坑痕迹，来推算我军人数。他发现灶坑数量越来越少，必定以为我军人心涣散，逃兵很多，会骄气大增，更加轻视我军，日夜兼程追赶。到那时，我再定计捉拿他，必获大胜。"

田忌按照孙膑的计策执行了。庞涓率兵来到后，果然派人数灶坑，数了几天，发现灶坑数量越来越少，大喜过望，以为齐军已经闻风丧胆，军士大部分都逃跑了，不堪一击。他马上下令，不许休息，日夜兼程追赶齐军。这一天，魏军追到一个叫马陵的地方，天已快黑了。马陵道处于一条山谷中，十分险要。这天晚上正好没有月亮，庞涓心急气躁，催促官兵快追。突然，前边的士兵回报说，道路被堵死了。庞涓下令搬开堵塞道路的断木乱石，继续追赶。庞涓亲自来到前面，发现路旁的树木全被砍光了，只有一棵树还孤零零地立在那里，树皮被刮去了，隐隐约约地写着几个字。这时天已经黑了，看不清写的是什么，庞涓令人点起火把，仔细一看，只见上面写的是："庞涓死此树下"。

庞涓一见，恍然大悟，这才发觉上了当，慌忙传令退兵，但为时已晚。山上的埋伏的齐军发现火把亮起，万箭齐发。前有堵塞，后边和两侧又杀来了齐军，魏军无处可逃，最终全军覆没。原来，孙膑预先在马陵道两边山上埋下了伏兵，命令他们见有火光，就一齐冲着火光放箭。又命令副将军田婴，率兵潜伏在山谷之外，等魏军一过，便从后面追杀过来。庞涓最后走投无路，知道孙膑必然跟他算账，就黯然自杀了。孙膑此举，既解了韩国之围，又给自己报了仇。

孙膑身体虽残但智慧丰裕，他凭借苦学深思，真正做到了运筹帷幄。孙膑及其弟子的军事智慧，都凝结在《孙膑兵法》一书中。何其幸运，在这本珍贵典籍失传两千年后，借助考古工作者和文字研究者的努力，得以重新品读它。这本书中记载的传统智慧，在未来必将衍生出新的智慧成果。